Mr.Know-All

从这里，发现更宽广的世界……

青少年科学与艺术素养丛书

宇宙印象

小书虫读经典工作室 编著

天地出版社 | TIANDI PRESS

山东人民出版社·济南

国家一级出版社 全国百佳图书出版单位

图书在版编目（CIP）数据

宇宙印象 / 小书虫读经典工作室编著. 一 成都：
天地出版社；济南：山东人民出版社，2022.6
（青少年科学与艺术素养丛书；8）
ISBN 978-7-5455-7078-6

Ⅰ.①宇… Ⅱ.①小… Ⅲ.①宇宙—青少年读物
Ⅳ.①P159-49

中国版本图书馆CIP数据核字（2022）第072436号

YUZHOU YINXIANG

宇宙印象

出 品 人　杨　政
编　　著　小书虫读经典工作室
责任编辑　李红珍　李菁菁
装帧设计　高高国际
责任印制　董建臣

出版发行　天地出版社
　　　　　（成都市锦江区三色路238号　邮政编码：610023）
　　　　　（北京市方庄芳群园3区3号　邮政编码：100078）
　　　　　山东人民出版社
　　　　　（山东省济南市市中区舜耕路517号11-14层　邮政编码：250003）
网　　址　http://www.tiandiph.com
电子邮箱　tianditg@163.com
经　　销　新华文轩出版传媒股份有限公司

印　　刷　北京盛通印刷股份有限公司
版　　次　2022年6月第1版
印　　次　2022年6月第1次印刷
开　　本　700mm×1000mm　1/16
印　　张　300（全20册）
字　　数　4800千字（全20册）
定　　价　998.00元（全20册）
书　　号　ISBN 978-7-5455-7078-6

总　序

聂震宁

　　一段时期以来，推广阅读特别是推广校园阅读时，推荐种类大都以文学或文史类居多，即使少量会有一点与科学相关，也还大都是科幻文学和科普文学作品，纯粹的科学与艺术知识类图书终归很少。这不能不说是一个很大的缺憾。

　　重视文史特别是文学阅读，当然无可厚非——岂止是无可厚非，应当说是天经地义！"以史为鉴，可以知兴替"，读文史书的意义古人早已经说得很深刻，而读文学的意义更是难以说尽。文学是人学，是对人的灵魂和精神的洗礼，是对人的心性、品格和气质的滋养。中国近代思想家、《少年中国说》的作者梁启超先生曾经指出："欲新一国之民，不可不先新一国之小说。故欲新道德，必新小说；欲新宗教，必新小说；欲新政治，必新小说；欲新风俗，必新小说。"中国现代文学奠基人、著名文学家鲁迅先生年轻时认识到文学可以改善人们的思想觉悟，唤醒沉睡麻木的人们，激发公民的爱国热情，因而弃医从文，写出大量唤醒民众、震撼人心的文学作品，成为五四以来新文化运动的先驱和主将。

　　一个人如果在少年儿童时期阅读到许多优秀的文学作品，必将受益终生。优秀的文学作品能帮助我们树立壮丽而远大的理想，激发我们追求真理、勇攀高峰的勇气，引导我们对人生、社会、历史以及文学艺术形成深刻的理解和体悟。文学阅读不能没有，然而，科学知识的阅读同样也不能没有。科学是关于发现、发明、创造、实践的学问。科学能帮助我们了解物质世界的现象，寻求宇宙和自然的法则，研究自然世界的规律……通过科学的方法，人类逐渐掌握了物理、化学、地质学、生物学、自然以及人文科学等各个方面的知识和规律。人类的进步离不开科技的力量。科技不仅仅承载着人类未来和探索宇宙等重大使命，也与我们的日常生活息息相关。了解必备的科技知识，掌握基本的科学方法，形成科学思维，崇尚科学精神，并掌握一定的应用能力，对于少年儿童的成长具有特别重要的作用。

然而，长期以来，我国公民的科学素质都处于较低水平。相信很多朋友都还记得，2011 年日本发生 9.0 级强地震引发核泄漏事故，竟然在我国公众中引起了一场抢购食盐的风波。更早些时候，广东和海南等地"吃了得香蕉黄叶病的香蕉会得癌症"的谣传满天飞，致使香蕉价格狂跌不已，蕉农和水果商家损失惨重。虽然事情原因比较复杂，但公民科学素质不高显然是一个重要因素。社会上时不时就会出现的因为公民科学素质不高而轻信谣言传闻的事实，也一再提醒我们，必须下大力气提高公民科学素质。

关于我国公民科学素质相对处于较低水平的说法是有依据的。公民科学素质包含具备基本科学知识、具备运用科学方法的能力、具有科学思维科学思想，同时能够运用科学技术处理社会事务、参与公共事务。按照国际普遍采用的测量标准，经过科学的调查和测量，我国公民具备科学素质的比例一直比较低，在 2005 年只有 1.60%，2010 年也只有 3.27%，2015 年提高到 6.2%，但也只相当于发达国家 20 世纪 80 年代末的水平。经过近年来各级政府大力开展科学普及工作，2018 年我国公民具备科学素质的比例达到了 8.47%，与主要发达国家在这方面的差距进一步缩短。科学素质是决定人的思维方式和行为方式的重要因素，是人们过上更加美好生活的前提，更是实施创新驱动发展战略的基础。在科技日新月异、迅猛发展的今天，科技深刻地影响着经济社会人们生活的方方面面，公民科学素质已经成为国家综合实力的重要组成部分，成为先进生产力的核心要素之一，成为影响社会稳定和国计民生的直接因素。提高我国公民的科学素质，应当成为当前的一项紧迫任务。

"青少年科学与艺术素养丛书"就是为着提高我国的公民科学素质特别是少年儿童的科学素质而编著出版的。丛书由小书虫读经典工作室编著，整套图书共20册，其中涉及科学知识的有10册。

丛书的编著者清晰认识到，这是一套面向中国少年儿童读者的科学普及读物，应当在以下几个方面明确编著的思路和精心的设计。

第一，编著者主张着眼中国、放眼世界。编著的内容既要适合中国的少年儿童阅读，又要具有世界眼光，选题严格把控，既认真参考发达国家同年龄阶段科学教育的课程内容，又从中国青少年的阅读认知实际出发。

第二，编著者要求主题集中。每本书系统介绍相关主题，让读者集中掌握相关知识，在一定程度上达到专业知识完备的要求。

第三，鉴于青少年学习的兴趣需要培养和引导，编著者在坚持科学知识准确的前提下，努力让素材生活化、趣味化。科学与艺术并不是摆放在神坛上供人膜拜的圣物，而是需要通过一个个生动问题的解决来体现的。编著者希望这套图书既能够丰富少年儿童的课外阅读，让他们在快乐阅读中获取知识，又能帮助老师和父母辅导他们的课堂学习，激发他们发奋学习、勇攀高峰的兴趣和勇气。

第四，编著者力争做到科学知识与人文关怀并重。无论是书中问题的设计还是语言的表达，都要注意到体现正确的价值观、健康的道德情操和良好的审美趣味，要有利于培养少年儿童的大能力、大视野、大素质。

此外，这套图书在装帧设计和印制上下了很大功夫。装帧设计努力做到科学与艺术的有机结合，插图追求精美有趣。由于采用了高品质的纸张和全彩印刷，整套图书本本高品质，令人赏心悦目，足以让少年儿童读者在学习科学知识的同时也能得到美的享受。

在我国全民阅读特别是校园阅读蓬勃开展的今天，"青少年科学与艺术素养丛书"的出版无疑是一件值得肯定的好事。在阅读活动中，推广文史类特别是文学图书的阅读，将有利于提高公民特别是少年儿童的人文素质，而推广科技知识类图书的阅读，则将有利于提高公民特别是少年儿童的科学素质。国家要富强，民族要振兴，公民这两大素质是不可缺少的。

（聂震宁，编审，博士研究生导师，第十、十一、十二届全国政协委员，中国作家协会会员，中国出版集团公司原总裁，现任韬奋基金会理事长、中国出版协会副理事长）

推荐序

何 彦

20 世纪的七八十年代，我在读小学和中学。那个时候信息与资料还比较匮乏，知识普及类图书不多，但这没有影响孩子们对自然科学和人文科学的好奇与热情。我和我的小伙伴们读着《十万个为什么》、《上下五千年》、叶永烈的科幻小说、大科学家们的故事……我们景仰着牛顿、爱迪生、居里夫人、华罗庚、陈景润……憧憬着国家实现现代化的美好蓝图，我们被知识激励，被科学家、历史学家引领，在不断学习中终于成为博学、有底蕴、眼界宽广的人。

几十年过去，出版、互联网和人工智能的发展进步使得知识的普及与传播实现了量的积累与质的飞跃。现在的孩子们是幸运的，他们面对着更为多元的知识和拥有着更为优质的学习渠道。但是，个人的时间是有限的，知识传播也呈现出碎片化的倾向，如何让这个时代的青少年全面、有效地对自然科学和人文科学有一个整体的认识，已经成了今天科普出版的重大难题。

因此，我很高兴能够看到这套图书的付梓。它选材丰富全面，但不是机械地堆砌知识，而是引导青少年读者在欣赏一个个美妙的知识细节的过程中，逐渐形成对事物整体的把握。孩子们会看到整个世界就像一个活泼的生命，它多姿多彩，千变万化，有着无尽的可能，让他们由衷地好奇、赞叹，希望亲自去探索。

人类既生活在宇宙空间里，也生活在历史中。我们来自空间和历史，也改变着空间和历史。在这套丛书里，孩子们通过对历史的了解，对科技发展的认识，不仅可以看到人类一路走来的艰辛，也可以看到人类的伟大意志和力量，并思索人类应该肩负的责任。这套丛书在传播知识的同时，也带给孩子们价值观和梦想的启迪。

　　培根说："知识就是力量。"好的书籍就像接力棒，把人类知识的力量一代一代地传递下去！

（何彦，清华大学化学系教授、博士生导师）

目录

CONTENTS

第一章 ————
宇宙之谜

第二章

银河啊，银河……

第三章

太阳系和它的"八大金刚"

第四章

太阳：燃烧的星球

第五章

地球：我们的家

第六章
月亮会不会飘走

第七章

天上真有星座吗

第八章
飞出太阳系

第一章

宇宙之谜

　　清朗的夜空下，我们总喜欢仰望星空，对着天空中的星星展开无尽的遐想，思索浩渺的宇宙到底是怎样奇特的未知世界。宇宙的范围有多大呢？宇宙的年龄有多大？宇宙是怎样产生的呢？想知道这些问题的答案吗？让我们一起去探索宇宙的奥秘吧！

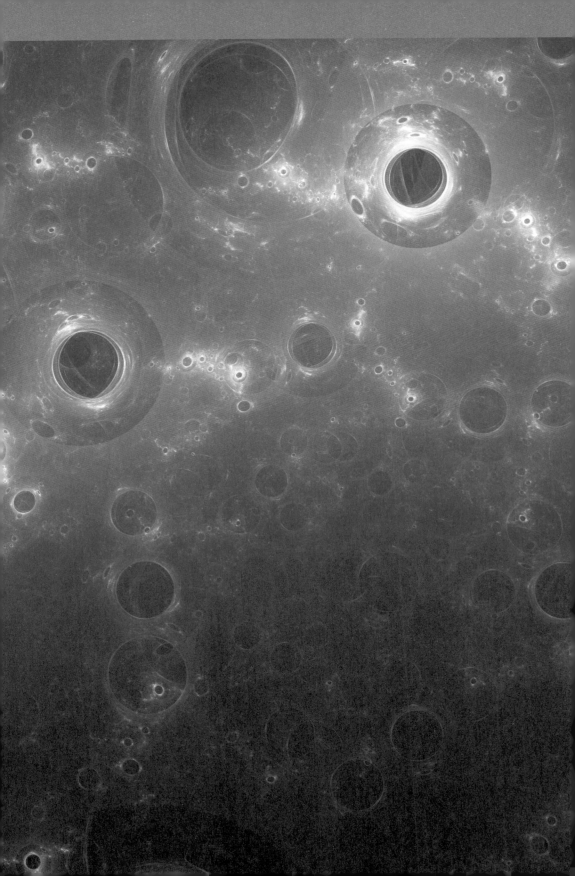

人类眼中的宇宙什么样

远古时代，人们对宇宙的认识还处于低级状态，他们按照自己的想象对宇宙的样子做出了一系列的遐想。在中国西周时人们认为，天像一口锅扣在平坦的大地上，还有天圆地方的说法。而古印度人的想法就比较奇怪了，他们认为宇宙是圆盘形的大地伏在几头大象上，而象则站在巨大的龟背上。

在中国古代有一种说法："古往今来谓之宙，四方上下谓之宇。"在这种理念里，"宇"代表着上下四方，即所有的空间，而"宙"则代表着古往今来，即所有的时间。《庄子》一书最早出现了"宇宙"两字连用的情况。广义的宇宙指的是时间、空间、物质和所有能量组成的统一体，是所有时间和空间的综合，是一个时空连续的系统，包括所有物质、能量和事件等。而狭义的宇宙指的是对广袤的空间以及其中的各种天体和弥漫物质的总称，并且宇宙是处在不断地发展和运动之中的。

公元 2 世纪，古希腊天文学家托勒密在总结前人对宇宙的认识的基础上，提出了"地球中心说"，他认为整个宇宙都是围绕着地球旋转的，地球成了宇宙的中心，直到 1543 年，波兰天文学家哥白尼才提出了"日心说"，推翻了宇宙以地球为中心的结论，不过当时的人们并不接受这种论调。随着时间的飞逝，技术的进步，人们才不得不承认"日心说"的正确性。到 17 世纪，牛顿又提出了万有引力定律，这才奠定了宇宙学的基础。

我们通常所说的宇宙一般是指地球大气以外的空间，即所谓的"外层空间"。地球是我们赖以生存的家园，而地球仅仅是太阳系中一颗小小的行星；太阳系只是银河系的众多天体系统中的一个，而银河系在宇宙所有的天体系统中，也许只是微小的一个……所有的天体系统汇聚在一起，共同组成了宇宙。宇宙，是所有天体共同体。

宇宙并非从来就有的，它也有着漫长的诞生和成长过程。宇宙自形成之初，就开始不停地运动着。20世纪以来，随着人类科学技术的飞速发展，天文观测的手段也不断地革新，越来越先进。近半个世纪以来，人们的研究领域已拓展至河外星系，发现了星系团、超星系团等更高层次的天体系统，并不断向更深广的宇宙空间探索。我们终于认识到宇宙是浩瀚无际的，等待着我们去探究、去发现。

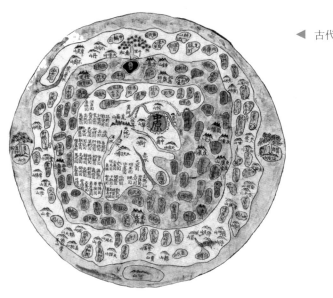

◀ 古代的宇宙观

▲▼　最能体现中国人"天圆地方"宇宙观的天坛（上）和地坛（下）

宇宙诞生的理论有哪些

宇宙包含了世界上的万事万物，它是时间与空间的总和。千百年来人类一直致力于揭开宇宙的奥秘，那么宇宙到底是怎样诞生的？这是从 3000 多年前的古代自然哲学家们到现代天文学家们一直都在苦苦思索的问题。

时至今日，尽管科学家对宇宙的探索有了巨大的进步，但对于宇宙是怎么诞生的这一问题至今仍无定论。直至 20 世纪，两种"宇宙模型"的出现对解释宇宙诞生这一问题产生了深远的影响，一个是稳态理论，另一个是大爆炸理论。

稳态理论认为，宇宙是稳定的，它一直保持着某种状态，不因时间的转变而改变。这种理论认为宇宙内的物质以某种速度产生着，而老的物质也以某种速度在消失，所以，正好可以维持宇宙的密度不会改变。它非常肯定地预言了宇宙到底应该是什么样子的，也正因为如此，我们很容易判断出这种理论是不是正确的，当宇宙背景辐射被发现之后，这一理论就被否定了。

目前学术界普遍接受的是"宇宙大爆炸"理论，这是由比利时数学家勒梅特首次提出的。他认为宇宙的物质最初集中在一个超原子的"宇宙蛋"之中，经过一次无可比拟的大爆炸分裂成无数的碎片，继而慢慢地膨胀，并最终形成了今天的宇宙。他认为宇宙爆炸后宇宙体系并不是静止的，而是在不断地膨胀，使物质

▲ 宇宙大爆炸

密度从密到稀不断地演化，进而膨胀到现在，而且还会继续膨胀下去。"宇宙大爆炸"理论的正式提出是在 1946 年，是由美国物理学家伽莫夫提出的。

"宇宙大爆炸"理论认为，我们的宇宙原本是一个体积不是很大但密度和温度却相当大的火球。大约在 150 亿年前，黑暗的宇宙发生了史无前例的大爆炸。宇宙怎么会爆炸呢？假如我们把宇宙比喻为一个球的话，构成这个球的物质特别大，而且作为一个火球它的温度也是相当高的。由于高温和物质的不稳定性，宇宙在不断膨胀着。当宇宙年龄为 10 ~ 44 秒时，宇宙的温度达到爆炸温度，宇宙突然开始"暴胀"，就像一个气球突然被人猛一吹发生爆炸那样，宇宙发生了巨大的爆炸，而爆炸使宇宙空间在短时间内迅速增大。宇宙的温度也随着宇宙的爆炸膨胀而迅速下降。在大爆炸结束后的几十万年时间内，宇宙的温度已下降到很低的状态，在这期间各种化学元素也就开始形成了。在大约 150 亿年的时间里，宇宙不断膨胀着，温度也在逐渐地降低着，与此同时各种生物开始在地球上产生并繁衍生息。

宇宙正在膨胀的红移现象和 20 世纪 60 年代的"宇宙微波背景辐射"两个发现都似乎证明了大爆炸理论是正确的。早晚有一天，我们会确定地知道宇宙是怎样形成的。

小贴士

迄今为止人类所能观测到的距离地球最遥远也最古老的天体，是距地球大约 131 亿光年的一个星系。它的产生和存在，可能就是由宇宙大爆炸所致。此外，美国宇航局还通过宇宙背景探测器发现了宇宙诞生过程中原始火球的残留物。

宇宙的范围到底有多大

人们常用"不知天高地厚"来批评那些无知的人，其实对于天究竟有多高这个问题，至今也没有人能彻底说清楚，宇宙的范围大小也就成为天文学家争论不休的问题之一。

宇宙到底有多大？古今中外众说纷纭，但最终根本的争论还在于：宇宙到底有没有边？它是有限的呢，还是无边无际的？公元 140 年左右，希腊天文学家托勒密提出了"地球中心说"，认为地球是整个宇宙的中心。到了 16 世纪，这一理论被波兰天文学家哥白尼提出的"日心说"所推翻，他认为地球是围绕太阳转的，所以太阳才是宇宙的中心。但是后来人们通过天文望远镜观测发现，太阳系的直径大约是 120 亿千米，地球同整个太阳系比较不过是沧海一粟。银河系拥有大约 1000 亿至 4000 亿颗恒星和大量星云，太阳系同它比较也只不过是沧海一粟。

时至今日，我们已经发现的距离我们最远的星系有 100 多亿光年，银河系也不过是其中的一颗"沙粒"。目前通过先进的大型天文望远镜我们能观测到 100 多亿光年以外的天体，但是依然

▼ 正在不断膨胀的宇宙

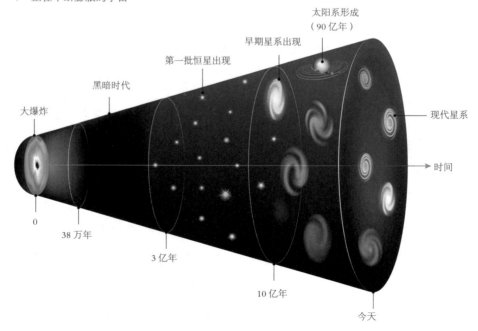

无法发现宇宙的边缘。因此相当多的天文学家认为宇宙是无限的，不存在边界和中心。但是也有一部分科学家认为宇宙是有限的，宇宙起源于大爆炸，自宇宙产生至今的时间是有限的，而且宇宙膨胀的速度是一定的，所以宇宙一定有固定的大小。

总之，宇宙的范围到底有多大，是有限的还是无限的，至今仍是一个谜，随着人类航空航天技术的发展和天文学家研究的不断深入，这一天文学难题有望得到解决。

宇宙中有重力吗

当一个苹果砸中你的时候，你的第一个想法是什么？ 300 多年前，当苹果砸中牛顿的时候，他想到的是苹果为什么会落到地上，而不是到天上去的问题，进而提出了地球重力的概念。在地球上，我们把使物体获得质量的力称为重力，它使我们能够平稳地站立在地面上。那么宇宙空间中有重力吗？

随着科学技术的飞速发展，载人航天飞船发射成功之后，我们才知道：宇航员在太空中是不能自如行走的，他们以及他们的食物、用具等都在所搭乘的飞行器中飘浮。这是为什么呢？因为他们失重了。在地球上时，地球对我们的引力是竖直朝下指向地心的，这样我们就有了重量，能够站在地球表面。那么月球上没有办法站立，是因为没有重力吗？

我们总觉得既然宇航员能在太空中飘浮，那么宇宙自然是没

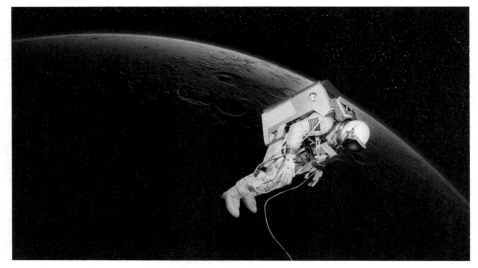

▲ 在太空中处于失重状态的宇航员

有重力的。事实上这种看法是错误的，宇航员在太空中"飞翔"，是因为他离地球太远了，这种引力就变得弱了。而宇宙间的各个星球相互之间都是有引力的，例如，在人类的探月之旅中，当宇宙飞船的速度超过一定值之后，就会摆脱引力，飞向太空，当飞船靠近月球时，就会被月球所吸引，开始围绕着月球做圆周运动。

宇宙中有哪些天体

　　在远古时代，人们可以在晴朗的夜空中看到许多明亮的星星，那时候在地球上，大部分地区都没有现在这么严重的污染，因此人类可以凭借肉眼看到非常暗的光，而我们看见的这些星星就是宇宙中天体发出或反射的光。那么，什么是天体呢？宇宙中又有哪些天体呢？

其实宇宙中各种星球、星际空间的气体和尘埃等所有物质都是宇宙天体，科学家对天体形成的各种现象进行了研究探索。天体是真实存在的，宇宙中的天体包括：恒星（如太阳）、行星（如地球）、卫星、彗星、小行星、星团、星系等。

你知道宇宙中相对比较重要的是哪类天体吗？是恒星。恒星是炽热的气态星球，并且自身会发光发热。我们看见的太阳光就是太阳这颗恒星发出来的，在夜晚我们所见的很多星星中除了月

▼ 天体

亮和行星等大部分都是恒星。行星是自身不会发光的天体，它们围绕恒星运转。卫星像行星一样自身不会发光，但卫星的表面因反射恒星的光而发亮，卫星围绕行星运动，我们看到的月亮就是绕着地球运动的一颗卫星。彗星是冰物质组成的绕恒星运行的天体，当它与恒星的距离很近时，冰就会受热融化、蒸发或升华，于是就拖出一条长长的尾巴。流星体和彗星一样绕恒星运行，而且一般质量较小，当成群的流星体聚集在一起的时候，就称为流星群。

宇宙的年龄多大

地球上的动物、植物都是有生命的，人的一生要经历出生、成长、死亡等阶段，生物皆是这样。既然生命都有时间的限制，那么我们所处的这个宇宙年龄多大了呢？

宇宙从某个诞生时刻到现在的时间间隔就是宇宙的年龄。现在，我们无法确定宇宙的诞生时刻，于是，科学家们就想到了一个办法：既然天上的星星的光芒都是经过了几亿年才到达我们眼中的，所以我们观测宇宙是从什么时候开始发射出光线，不就知道了宇宙的诞生时间吗？于是，科学家们就将哈勃望远镜所观测到从宇宙发射出的光线的时间定义为哈勃年龄，这个时间就表示宇宙至少存在了多久。根据大爆炸宇宙模型推算，宇宙年龄大约是 200 亿年。并且宇宙中也有和宇宙差不多同龄的古老"恒星"。

▲　哈勃望远镜

根据这种恒星的年龄，我们差不多就可以推测出宇宙的大致年龄，这种方法也被认为是测算宇宙年龄最基本的方法之一。

科学家们对宇宙的年龄有不同的意见，根据不同的宇宙学模型，科学家们估计宇宙的年龄为 100 亿~160 亿年。2001 年科学家借助南欧洲天文台的望远镜，观察一颗被称为 CS31082-001 的星球，计算出它的年龄是 125 亿年，这个估计的误差大约是 30 亿年。2013 年 3 月 21 日，根据欧洲航天局公布的由"普朗克"太空探测器所传回的宇宙微波背景辐射全景图，科学家们进一步验证了宇宙学标准模型，把宇宙的精确年龄修正为 138.2 亿岁。

13

宇宙会不会灭亡

　　从古到今，人们一直在不断地对广袤的宇宙进行探索，宇宙的起源、宇宙的未来这些问题是大家千百年来研究的问题，那么宇宙的未来是怎样的？宇宙会灭亡吗？

　　诺贝尔奖获得者布莱恩·施密特指出，宇宙的空间正在不断地膨胀着，而且他预计可能在百亿年后，我们将无法再用肉眼观

▼　超级星系团

测到美丽的星空，黑夜将呈现出一片黑暗，我们将看不到任何星星。大概千亿年之后，所有星系之间都将距离十分遥远，而且还会不断地远离，人们看到的宇宙将"空无一物"。

现阶段宇宙正在不断地膨胀着，而且宇宙的膨胀是均匀的，可以采用一个单独的数值，即两个星系间的距离来描述它。现在这个距离在不断地增大，但是人们预料星系与星系之间的引力正在减缓这个膨胀。如果宇宙的密度大于这个临界值的话，引力的作用将最终致使膨胀停止并使宇宙重新开始收缩。宇宙就会坍缩到一个点，而时间本身就会在这个点处终结。反之，如果宇宙的密度小于这个临界值，将会永远地膨胀下去。其密度在一段时间后会变得非常小，引力的作用对于减缓膨胀没有任何显著的效应。星系会继续以一定的速度相互远离，宇宙就将永远膨胀下去。

至于宇宙的未来到底会怎么变化，还需要科研工作者们进一步深入研究和探索。

地球是宇宙的中心吗

地球是宇宙的中心吗？在遥远的过去，善于观察和思考的一些先辈，在辛苦劳作后休息的间隙，时不时仰望天空。那时他们不只看到太阳东升西落，还发现其实月亮也是有规律地围绕地球运转的，甚至从地球上来看，很多明显的易观察的星星也是规律地绕地球做圆周运动。于是，先辈们得出了一个结论，我们生活

▲ 托勒密"地心说"宇宙体系图　　▼ 哥白尼"日心说"宇宙体系图

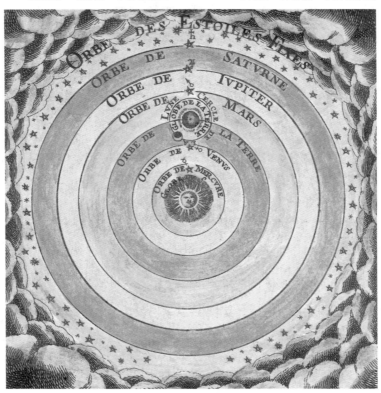

的家园——也就是地球，是宇宙的中心。这个结论甚至被一些人写进了宗教的教义中，成为人类世代膜拜的真理，不可推翻，这就是历史上的"地心说"，即以地球为中心的理论。

但事实是这样的吗？在人类文明的进步史上，总有一种人愿意对传统的陈旧学说提出异议。哥白尼是生活在 15 世纪至 16 世纪的波兰天文学家，他三十年如一日致力于天文现象的观测和研究，终于得到了可靠的数据，提出了"日心说"，并且在临终前出版了《天体运行论》。在他的观点中，太阳才是宇宙的中心，地球是围绕太阳运行的。虽然他的一些观点仍有不是很圆满的地方，但是对于推翻"地心说"还是做出了巨大的贡献。

对宇宙中心这个问题，现代科学已经有了暂时性的结论。地球并不是宇宙的中心，太阳也不是宇宙的中心，它只是太阳系的中心，地球和其他七大行星以及各种系内天体围绕着太阳运行。

第二章

银河啊，银河……

　　在中国古代神话故事中，牛郎和织女在天上隔着银河遥遥相望，只能在每年的七夕于鹊桥上相会。在晴朗的夜空中，我们会不由自主地去寻找阻隔他们的那条银河。在日常生活中，我们会发现天上的星星在银河的衬托下更加耀眼，而且我们所在的这个星球处在浩渺的银河系当中。面对着无限神秘的星空，我们怀着无比的好奇心开始了银河系之旅，探索这片神奇的天地。

什么是星系

　　地球是颗美丽的星球，然而在宇宙中，地球就像大气中的一粒尘埃一样渺小。宇宙中有众多的天体系统，而我们就处在太阳系当中，那么太阳系属于什么呢？星系到底又是什么呢？

　　星系其实是恒星系统的简称，例如我们所在的太阳系。"星系"一词来源于希腊文，指的就是包含恒星、气体、暗物质等物质的天体系统，而且会受到重力的影响。大部分的星系不仅仅含有许多的恒星，而且还有星团及各种各样的星云。根据形状的不

▼ 银河系

同，星系可分为椭圆星系、螺旋星系和不规则星系。对于星系的形成，科学家们有两种不同的看法，有的人认为星系是在 137 亿年前的宇宙大爆炸中产生的，而另一种观点是宇宙中大量的球状星团发生相互碰撞，毁灭后的微尘颗粒组合成了星系。

银河系里有 1000 亿至 4000 亿颗恒星，但是由于距离太远的缘故，我们看到的只是一部分星光。在银河系周围有两个"邻居"，分别是大麦哲伦云和小麦哲伦云，它们均是不规则星系。由于银河系的引力作用，使得银河系不断地从两个邻居身上吸取尘埃和气体，科学家预计，在百亿年内，它的这两个"邻居"将永远消失。

星系是怎么产生的

在早期宇宙当中，黑洞会不断地融合其附近的物质，逐渐成长为超大质量的黑洞。这些超级黑洞的引力范围很广，将会不断把越来越多的气体拖入自己的引力范围当中，这些气体在数亿年间演变成了数千亿颗恒星，形成了原始的星系。年轻的星系中就会有气体不断地产生。在新的星系中心通常会有一个年轻的超大质量的黑洞，通过不停地吞入气体而不断地成长变大。气体持续进入黑洞之后，使得黑洞变得相当饱和，于是黑洞内部便没有多余的空间来容纳更多的炽热气体。而在星系中会有一种叫作类星体的天体将多余的气体喷入太空，形成规模庞大的能量流。在喷

▲ 黑洞吸入恒星

出大量星际气体的过程中，超大质量的黑洞周围会产生巨大的热量，气体就会受热膨胀，它有点类似于风但是规模要大得多，这些就是所谓的黑洞风。

黑洞不断吸入气体，然后类星体再将气体喷出，最终当星系中再没有多余的气体来制造恒星的时候，星系就会停止成长。因此一个星系的最终规模是由它中心超大质量的黑洞的大小所决定的。如果没有气体的不断进入，类星体就会不停萎缩甚至消失，而星系的中心在失去气体原料后就会只剩下一个超大质量的黑洞和大量年轻的恒星。有科学家推测，类星体可能是年轻星系的雏形，并且每个类星体的中心都存在着一个超大质量黑洞。类星体和超大质量黑洞制造了星系，并对整个星系起着控制作用。

银河系的名字是怎么来的

晴朗的夜晚，我们仰望星空的时候，有时可以领略疏星朗月的美好，有时可以感受繁星满天的瑰丽，还可以在碧空中看到像一条白色丝帛般横跨天空闪烁着的光带，如同天空中的一条长河，夏季时呈南北走向，而到了冬天则接近于东西走向，这就是我们常说的银河。那么宇宙中银河系的名字是怎么得来的呢？

▼ 人类眼中的银河

银河在中国古代的时候又被称作"天河"，它看起来就像一条白茫茫的光带一样，从东北向西南方向横亘在整个天空之上。在银河里有许多白色的小点，就像在水中撒的白色粉末一样，交相辉映形成一片。实际上那一粒粒白色的粉末状物质就是一颗颗巨大的恒星。银河就像一条真正的河流一样，恒星、行星、卫星等天体就像那一条条游动的鱼儿，宇宙间的星际物质就像水草一样，它们共同构成了这个璀璨的星河。

银河系当中有无数的恒星，假如在太空俯视银河的话，就会看到银河像个不断旋转的旋涡。我们所处的太阳系就在这个银河系中，而太阳就是其中的一颗恒星。

银河系的结构是什么样的

我们知道银河系其实就是一个旋涡状的星系，但是银河系的内部又是怎样的呢？银河系有着怎样的结构呢？

银河系的组成结构自内而外依次是银心、银核、银盘、银晕和银冕。

银河系中的大部分物质集中在一起形成了银盘，银盘就像一个薄薄的圆盘一样。在银盘的中心有一个球形的物体，就是核球。核球中心是一个密度很大的区域，叫作银核。银盘的厚度在各个区域是不相同的，一般是银盘的中心厚度最大，由中心到边缘，厚度逐渐变薄。你知道吗？我们时刻依赖的太阳就存在于银

核球

球状星团

银盘

恒星墓

太阳

▲ 银河系结构图

河系的银盘当中。银盘内存在着银河系的旋臂，而且旋臂当中含有气体、尘埃和大量年轻的恒星。

在银河系的中心有一个球状的凸起部分，这就是银心。这里是银河系的自转轴与银道面交会的地方，在这个区域当中有大量年老的红色恒星，恒星的分布密度非常大。

由于银盘外部空间范围较大，因此物质密度要比银盘中低很多，而这个外部空间就叫作银晕。银河系当中的银盘被外部的银晕紧紧地包围着。在银晕当中的恒星的密度比较小，而且银晕中还有一些球状星团，这些球状星团主要是由老年恒星组成的。银晕之外的巨型球状射电辐射区域被称作银冕，如同银河系所戴的帽子。

银河系是静止不动的吗

　　当遥望星空时，那横跨天际、璀璨闪耀的银河总能引起人们无尽的遐想。通过仔细观察，我们能够发现银河实际上是由许许多多颗星星所组成的，不过，由于距离太遥远，它们看起来远不如整个银河看起来那么令人震撼。借助望远镜观察的话，它们看起来只像朦胧的云雾。那么，银河系在转动吗？

　　银河系作为一个整体，像行星、恒星一样进行着一定的自转运动。银河系与地球是不一样的，它是包含了多种天体的一种天体系统。天体与银河系中心的距离各有不同，因此自转的角速度就会不同，而相应的线速度也就与转动半径没有了特定的关系。一般来说，随着天体与银河系中心距离的增大，线速度先减小后又增大，到太阳附近时线速度几乎是恒定的。

小贴士

　　银河系除了自转，其实也在宇宙空间中不断地运动着。因为我们的位置处在银河系当中，因此我们无法直接观测银河系在宇宙空间的运动方式，但我们可以选择某一个河外星系作为观察点，通过观察河外星系与银河系的相对运动，进而探索银河系本身的运动。天文学家已经观测出，银河系不仅在自转，它还以一定的速度朝麒麟座的方向运动着。因此银河系是在一边旋转一边快速前进，像一个巨大的飞行器一样，沿着一条神奇的路线在太空运转着。银河系的运动也是很奇妙的吧！

河外星系在哪里

　　17 世纪的时候，人们在太空中发现了一些模糊不清的天体，这主要是由于它们与地球距离太远的缘故，所以人们分辨不清那些由大量恒星所构成的朦胧天体到底是怎么回事。后来，美国天文学家哈勃根据一种叫作"造父变星"的天体，计算出了那些模糊天体的距离，发现它们是银河系以外的天体系统，因此科学家把它们叫作"河外星系"。那么河外星系到底是怎样的呢？

　　河外星系是位于银河系之外的一种天体系统，河外星系就像银河系一样包含着无数颗恒星、星云和星际物质。河外星系的名字是怎么来的呢？在银河系以外有许许多多的天体，即使用小型望远镜观察这种天体，我们仍然无法分辨清楚。但是如果用大型望远镜看，我们就会发现它们是由一颗颗的恒星所组成的，不是宇宙间的气体和尘埃，而且它们的形状也像一个旋涡。科学家们推断，它们一定是与银河系类似的天体系统，因为它们的距离都超出了银河系的范围，属于银河系以外的天体，因此被称为"河外星系"。

▼ 仙女星系

小贴士

1924 年，美国天文学家哈勃在仙女座大星云的附近找到了被称为"量天尺"的造父变星，并利用造父变星的光变周期和光度等关系计算出了仙女座大星云的距离，证明它确实是在银河系之外的天体系统，像银河系一样，仙女大星云应改称为仙女星系。河外星系的发现使得我们对银河系有了更深的了解。银河系仅仅是一个普通的星系，在宇宙的海洋中它只是一个小小的岛屿，是无限宇宙空间中极其微小的一部分。

流星是什么

浩瀚的星空下，当成群的流星以璀璨的姿态划过天际，消失在天边时，我们不禁被这一奇景深深吸引。流星是恒星吗？流星到底是什么呢？它又是怎么发光的呢？

流星是星际空间的物质在运动时与大气摩擦，发生了燃烧所产生的光迹。流星体就是造成流星现象的"罪魁祸首"，而宇宙间的尘粒和固体块等物质都属于流星体。流星现象产生的具体原因是怎样的呢？其实流星体最初是围绕太阳运动的，在靠近地球的时候，地球引力的作用会使得流星体被地球吸引，从而进入地球大气层，高速的运动使得它与大气摩擦燃烧产生光迹。因此流

▲ 流星雨

星和流星体是两种完全不同的概念，大家千万不能搞混！

　　每一次的流星雨看起来都璀璨耀眼而美丽，但其过程却并不简单。我们可以想象一下，宇宙空间中的一颗与地球距离很远的陨石掉落的尘埃中或许还会有相对比较大的石块，由于地球的磁场所产生的引力的吸引，从而进入地球大气层与大气摩擦，产生流星雨现象。这种现象就像我们玩的丢沙包的游戏，当对某个人投掷过去时，最先接近人的是沙包上的灰尘，其次才是沙包本身。

　　例如，我们看到的宝瓶座流星雨就与哈雷彗星有关，当哈雷彗星与地球距离很近时，就会撒落大量流星体粒子，这些粒子就会形成流星雨现象。

流星与陨石有什么关系

　　流星是星际空间的物质在运动时受到地球引力而被地球吸引，从而进入地球大气层，并与大气摩擦燃烧所产生的光迹。流星体是围绕太阳运动的物质，在靠近地球的过程中，地球引力使得流星体改变轨道进入地球大气层，从而产生摩擦发生燃烧。燃烧完全的流星体就形成了美丽的流星雨，若它在大气中未完全燃烧的话，就会落到地面，成为我们所说的"陨星"或者"陨石"，这就是我们常说的"天外来客"。流星雨的一般形式是许多流星从某一点向外辐射四散开来，而流星大都由彗星尾迹产生。

▼ 陨石撞击地球

太阳系中的流星体在闯入地球大气层后，未完全燃烧就形成了陨石，而陨石是宇宙空间中的物质变化而来的，因此它的到来给我们传递了很多太阳系中的天体从古至今的演化信息。尽管我们并不欢迎宇宙空间物质与地球的碰撞，但陨石在某种程度上却是受人欢迎的。你知道每天会有多少流星体进入地球大气层吗？每天进入地球大气层的流星体的数量约有数百亿，而质量也达到了数十吨。

按照主要化学成分这个标准去划分，陨石可以分为石陨石、铁陨石和石铁陨石三大类型，由于成分不同，它们的半径和质量会有较大的区别。

假如宇宙空间中的小天体直径在10千米以上，那么当它撞击地球时造成的破坏就像带来恐龙灭绝那样，人类的安全将受到极大的威胁。

星云是云彩吗

夏日晴空，我们会看见形状像各种小动物的云朵，而且总会引起我们无尽的遐想。那么这些云彩是星空中的星云吗？星云是云彩吗？

星云和我们平时看到的在空中的一朵朵白云是完全不同的。其实，星云是一种天体，主要由气体和尘埃构成，它存在于太阳系以外、银河系以内的空间当中。因为它的外形跟云雾类似，所

▲　潟湖星云

以就被形象地称为星云。大气层上的水滴或冰聚合在一起形成的才是云彩，而且云彩是地球上的水循环形成的。星云的明暗与形状与星云的组成成分有关，由于气体和尘埃在不同星云中的含量不同，因此星云就有了明暗的变化，形状也各不相同。星云里的物质密度很小，星云中有些地方是真空的。然而星云的各个方向的长度可达到几十光年，因此星云的体积是十分巨大的，在质量上也会比太阳更重。

　　星云的分类有着不同的标准，按照明亮程度这个标准进行划分，星云就可以分为亮星云和暗星云。在形状上星云有弥漫星云、行星状星云等。弥漫星云像它的名字一样，是一个形状很不规则的天体。行星状星云就像一层一层的烟圈，而在它的中心往往有一颗很亮的恒星，其实这是恒星晚年演化形成的。星云和恒星有着一定的关系，星云在内部引力作用下可形成恒星，而恒星的气体又是星云的组成部分，因此星云和恒星在一定的条件下是可以互相转化的。

什么是星流

　　流星是星际空间的物质与地球大气摩擦产生的光迹，流星二字反过来成为"星流"一词，那么它是星星流动的意思吗？星流到底是什么呢？

　　其实星流并不是星星流动的意思，它是指由无数的恒星沿着一条长长的轨道围绕星系运动时呈现出锁链状的一种结构，它的形成与球状星团或者矮星系受到星系引力的巨大潮汐作用而发生的变形有关。星流是了解星系形成历史的依据，目前银河系中被发现的星流已有 10 多个，而且星流中恒星数量和星流的长度已经达到一个惊人的地步，往往数量可达上亿颗，长度也达到数百万光年。

　　当小型星系与大型星系的距离达到一定的程度之后，就会受到引力潮汐作用，发生扭曲、瓦解等现象，最终形成一条细长而美丽的星流。银河系附近的小型星系正在变形，最终将被瓦解。而它们的恒星不会消失，反而会融入整个银河系中，并且它们与银河系的"原住恒星"没有太多的差别，也许千百年以后它们将

▲ 星流

很难区分。例如，人马座矮星系在经历了几十亿年的发展演变之后，现在已经走向瓦解并被银河系所吞噬。

星流还有另一个重要作用，就是为研究星系中的暗物质的分布情况提供了有效信息。

椭圆星系为什么被称为"老人国"

从星系的分类中，我们知道，河外星系中，有一种呈圆球形状或椭球形状的星系被称为椭圆星系。它们的中心区域非常亮，星系的亮度从中心区域向边缘递减，从整个外围看去，就像一个发光的橄榄球。有一些距离我们较近的椭圆星系，我们还可以用大型望远镜分辨出它们的外围都有什么成员。

椭圆星系中椭圆球的形状很像一个拉扁的球，有的人就认为椭圆星系是被外力拉成椭球形的，所以哈勃星系分类依照扁率，将椭圆星系分成了8类：从非常接近球状的E0，到非常扁平的E7。椭圆星系上通常仅有少量的气体和尘埃，有的甚至没有气体。椭圆星系是宇宙爆发后，恒星的形成过程早已终结的星系，都是由一些年老的恒星构成的，很少会有新的大型恒星形成，所以，椭圆星系又被称为"老人国"。

虽然这里是"老人国"，但被围绕着的恒星还是会散发出光辉，只是它能够散发的热量很有限，所以它散发出黄色或红色的光芒，不同于散发大量热量而形成蓝色光芒的螺旋星系。

▲　椭圆星系

　　椭圆星系被单独划分出来，不仅仅是因为它的形状与其他星系有些不同，它还有着其他不同的特征：椭圆星系是由老年恒星构成的，而这些恒星是不规则运动的，不像螺旋星系是规则运动的。在比较大的椭圆星系中，通常都存在以老年恒星为主的球状星团。

青少年科学与艺术素养丛书·**宇宙印象**

什么是星际物质、行星际物质

我们生活在银河系这个大家园中，除了地球，还有很多的天体。天体之间也存在着一定的联系，那么都有些什么联系呢？

恒星之间存在着大量星际气体、尘埃和各种各样的星际云，这些恒星之间的物质就是星际物质。在银河系当中，星际物质的总质量大约可以占到银河系总质量的10%，而且在不同区域中，星际物质密度也有着很大的区别。分布在星际间的尘埃有着特殊

▼ 星际物质

38

的作用，它们可以阻挡星光紫外线辐射，那样的话星际分子就不会分解；它们同时又可以作为一种催化剂，对于星际分子的形成起着一定的加速作用。而且星际尘埃能产生星际消光这样的现象，它们对星光有散射的作用，星光因此就会减弱。星际消光也与波长有关，当波长增长时，星际消光也会增长，而且星光的颜色会变红，这种现象也被称作星际红化。

行星际物质是存在于太阳系中的物质的统称，其中行星际的尘埃、宇宙射线和太阳风中的热等离子等都属于行星际物质的范围。行星际空间虽然看起来很空旷，漫无边际，但并不是真空的，一些稀薄的气体和非常少量的尘埃极不规则地分布在这个空间当中。这些气体和尘埃主要来自太阳风，还有极少量的尘埃来自彗星、小行星、流星碎裂瓦解后形成的物质。

暗物质是什么

你听说过"暗物质"吗？暗物质就是黑暗中的物质吗？假如你有足够的好奇心的话，就跟我们一起来了解暗物质吧！

暗物质又叫作暗质，并不是指黑暗中的物质，而是指在电磁波的观测下我们无法对其进行研究的物质，也就是说自身不发射电磁辐射也不与电磁力产生作用的物质。为了解释宇宙大爆炸之后星系以及星系团的成因，暗物质理论应运而生，科研工作者们已经发现宇宙中的暗物质大量地存在着，而且我们目前发现暗物

▲ 用于探测宇宙暗物质的阿尔法磁谱仪

质的唯一方法就是通过引力效应。人们从理论上将可能存在的暗物质分为三大类：冷暗物质、温暗物质、热暗物质。如果你要认为这个分类是依照粒子真实温度分的话，那就大错特错了！其实这是依照其运动的速率进行划分的。现代天文学研究发现，我们目前知道的部分，像重子、电子等大约仅占宇宙的 4%，而暗物质则占到了宇宙的 23% 左右，还有大约 73% 是一种导致宇宙加速膨胀的暗能量。

瑞士天文学家弗里兹·扎维奇是最早推断暗物质的存在并提出证据的科学家。

尽管科学家对暗物质进行了大量观测和研究，但对暗物质的组成成分仍然未能全面了解。暗物质存在的一个有力的证据来自于螺旋星系，螺旋星系中的恒星和气体在高速旋转的情况下足以脱离星系，但它们在继续围绕中心高速旋转。因此，在螺旋星系中必然存在某种目前我们无法看见的物质，在这种物质的吸引力下，旋转星系无法脱离自己的轨道。暗物质存在的另一个有力证据就是星系团，星系团中的个别星系的运动速度非常大，在没有引力的情况下，这些星系团就会飞离。通过计算可知，把星系聚集在一起所需要的质量比所有星系的总质量都要大，因此，在星系团中除了我们所能观测到的星系，一定存在另外的一些物质，即暗物质。

银河系中有多少个"地球"

在很长一段时间内，许多人都会有一个疑虑，要是地球毁灭了，那我们该怎么办呢？于是，在银河系内探索其他类地行星成为一个热门研究领域。

每当夜幕降临，天空中无数星星闪烁，周围看起来黑暗无物，可实际上存在大量行星。英国《自然》杂志曾指出，银河系中可能存在上千亿颗行星，其中有数十亿颗是与地球条件相似、适合生命存活的行星。这一发现轰动一时，成为人们茶余饭后的热门话题。参与研究的教授库巴斯说："过去我们一直认为，地球

▲ 银河系里的地球

是银河中独一无二的，现在发现银河系中似乎还存在着数十亿颗与地球相似的行星。"或许，这意味着银河系中平均每颗恒星周围至少有一颗行星。分析显示，整个行星群体中，像木星一样的大型行星不是很多，与地球大小接近的中小型行星占大多数。

地球上能够存在生命的条件有这么几个：与太阳的距离要适中，拥有适宜的温度，拥有适中的体积和质量，拥有液态水和安全的大气环境。在找到的类地行星中，如果有一个也能符合这几个条件的话，说不定会成为第二个"地球"呢！

第三章

太阳系和它的"八大金刚"

　　远古时代，人类认为地球就是整个宇宙，随着科学技术的进步，我们对地球以外的世界有了更深一步的探索。我们认识到，地球仅仅是太阳系的一颗行星，而在地球之外有着更加广袤的星空。地球在以太阳为中心的太阳系中运动，而太阳系又是银河系的一部分，那么我们所在的太阳系到底在宇宙的哪里呢?

太阳系在哪里

我们生活的地球是太阳系的一部分，而太阳是太阳系中最主要的部分，地球与太阳存在着密不可分的联系，因为人类的生存离不开太阳。那么我们依靠的太阳系究竟是怎样的？它在哪里呢？

太阳系的中心是太阳，而太阳系就是所有受到太阳引力的天体集合在一起形成的天体系统，这个天体系统包括太阳、行星及其卫星、小行星、行星际物质等，同时也是我们所在的恒星

▼ 太阳系在银河系的位置

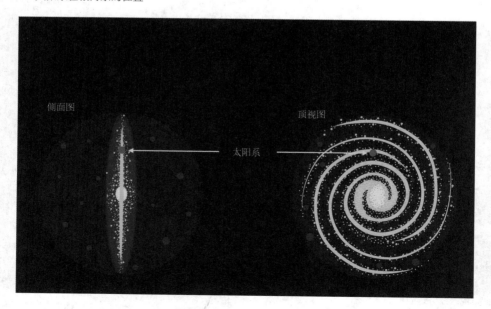

系统。如今，人们已经在太阳系发现了 8 颗大行星，根据它们与太阳的距离的远近，按照由近及远的顺序依次是水星、金星、地球、火星、木星、土星、天王星和海王星。同时，太阳系还拥有5 颗矮行星，它们分别是冥王星、谷神星、阅神星、妊神星和鸟神星。

宇宙中行星的运动都遵守开普勒行星运动定律，环绕着太阳运动的天体也一样，它们都是以以太阳为焦点的一个椭圆作为运动轨道，并且在接近太阳时由于受到引力作用，速度将越来越快。但是太阳系中的行星轨道大部分接近圆形，而许多彗星、小行星等天体则是在高度椭圆的轨道上运动。太阳系中的八大行星都差不多在同一平面的近圆轨道上运行，而且它们绕太阳公转的方向也是一致的。在太阳系八大行星中，除金星外，其余行星的自转方向和公转方向是相同的。

太阳系是怎么形成的

地球生命的存在离不开太阳光，而以太阳为中心，受太阳引力吸引的集合体——太阳系的形成却仍然是个值得探索的问题。太阳系到底是怎样形成的呢？

对于太阳系的形成，科学家们提出了多种猜想和假说，主要观点有两个。现在学界普遍认同的太阳系形成的标准理论是星云假说。星云假说最早是在 18 世纪由康德和拉普拉斯提出的，他们认为太阳系的形成开始于 46 亿年前，一片巨大的分子云发生引力坍缩，而坍缩时分子云大部分的质量集中在中心，进而这些物质的大部分形成了太阳，剩余的一些部分就形成了行星、卫星、彗星等其他天体。而另一个观点则认为，太阳是在相对独立的环境中形成的。当时的宇宙发生了多次超新星爆发，然而其中某一颗超新星爆发产生的冲击波对分子云产生影响，导致分子云中出现了超密度区域，后来该区域坍塌形成了太阳系。

从太阳系的形成到现在，太阳系发生了翻天覆地的变化。太阳系中卫星的形成有许多方式，有的卫星是由气体与尘埃组成，有的则是被附近的行星俘获而来，有的来自于天体间的碰撞。根据科学家预测，太阳和行星在历史的长河中最终将走向灭亡。大约 50 亿年之后，太阳将会冷却并且不断向外膨胀成为一个红巨星，最终成为行星状星云。而环绕太阳的行星有的会被恒星吸引而离开，有的则会自然灭亡，最终太阳就会变成一个孤零零的天体了。

太阳系到底有几大行星

太阳系是太阳、行星及其卫星等许多天体所在的天体系统。太阳系有八颗大行星，距太阳的距离由近及远依次是水星、金星、地球、火星、木星、土星、天王星和海王星。

水星距离太阳最近，体积也是最小的，没有天然卫星。水星

▲ 太阳系里的八大行星

外表呈黄棕色，只有少量大气。从地球上看，太阳系中除太阳和月亮，金星就是最亮的星星了。金星的体积、质量、密度与地球十分相似，但没有天然卫星。金星是一颗炙热的行星，可能是大量的温室气体所造成的。

地球有一颗天然卫星月球。地球是目前已知的唯一一颗拥有生命的行星，其大气成分与其他的行星完全不同。

火星是一颗亮星，只有稀薄大气且以二氧化碳为主。火星拥有两颗天然的小卫星，分别是戴摩斯和福伯斯，可能都是被俘获的小行星。木星是一颗主要由液态氢所组成的液态星球，木星丰沛的内热给它带来了一些永久性的特征，诸如云带和大红斑等。土星因为有明显的环系统而著名，有超过60颗已知的卫星，例如，拥有巨大冰火山的恩塞拉和泰坦都比较有名。

天王星是最轻的外行星（绕日轨道在地球轨道外的行星），它横躺着绕日公转，显得非常独特。它的核心温度也是已知的气体巨星中最低的，仅辐射少量的热进入太空中。海王星比天王星的体积小，虽然辐射出的热量较多，但还远远比不上木星和土星所辐射出的热量。它是太阳系中唯一一颗逆行的大行星。

太阳是怎么发热的

蜡烛燃烧会产生热量，一些电器通过电能发热，而地球每天接受太阳传递的热量，来满足万物的生命所需。那么地球热量之

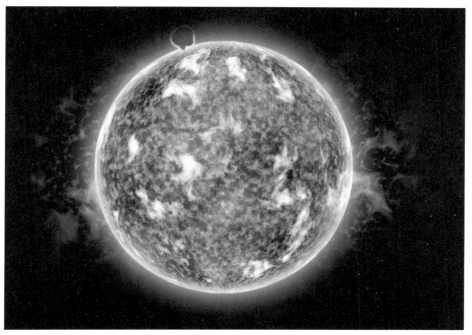

▲　太阳散发着光与热

源——太阳又是怎么发热的呢？

　　太阳系的中心天体就是太阳，太阳是一颗主序星。但是在宇宙中，太阳只是一颗很普通的恒星，因为在恒星当中，它距离地球最近，所以从地球上看，它是最大最亮的一个天体。其他恒星因为离我们太远的缘故，看上去只是一个个的光点。

　　太阳内部的能量来自于由氢聚变成氦的核聚变反应。太阳主要是由氢组成的，氢含量占到太阳总质量的71%。太阳的体积很大，而在其内部中心位置所承受的压力也非常大，因此温度非常高。氢原子核在这样高的温度下以相当高的速度进行着剧烈的热运动，有大量氢原子核克服了库仑力，从而结合成为一个氦核。这个过程中，氦核比聚变前的两个氢核的质量和减小了，而损失的这部分质量就转化成能量，这种能量转化的形式产生大量的热。这些热以辐射和对流的形式传递到太阳表面，因此太阳就变成了一个大火球。

地球上的生命离不开太阳，太阳每时每刻都在向地球传送着光和热，地球上的生命才得以生长发育，繁衍生息。

太阳系中的行星为什么绕着太阳运动

在研究天体运动的多年探索中，科学家发现了天体运动的规律，开普勒定律就是德国天文学家开普勒所发现的关于行星运动的定律。开普勒第一定律指出，所有行星分别在大小不同的椭圆形轨道上围绕着太阳运动，而太阳就在这些椭圆的焦点上。那么太阳系中的行星为什么绕着太阳做椭圆轨道运动呢？

行星绕太阳公转时，会受到来自太阳的两种力的作用。一种是万有引力，行星的圆周运动所需要的向心力就是万有引力提供的。另一种是太阳旋转质量场产生的作用力，这种力的方向与行星的运动方向是相同的，因此在这种力的作用下，行星圆周运动的线速度将不断增大。根据经典力学的理论，在向心力不变的情况下，做圆周运动的物体轨道半径与其线速度成正比关系，所以当行星运动的线速度增大时，其轨道半径将同时增大。因此，在太阳的两种力的作用下，行星进行的是非匀速圆周运动，其运行轨道从初始的圆形轨道到最终进入椭圆形运动轨道。

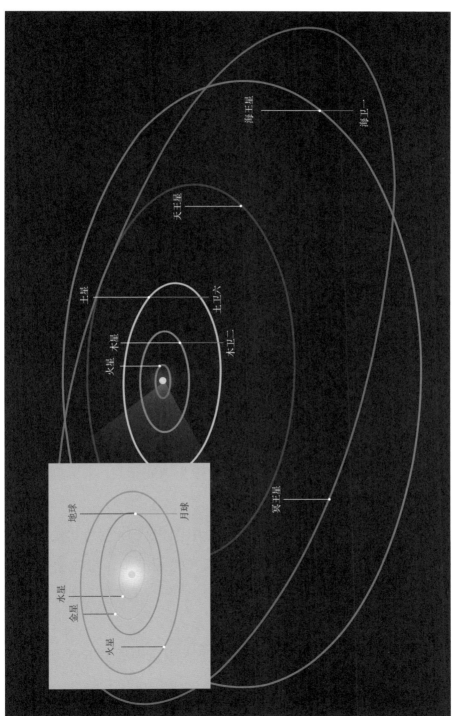

▲ 太阳系行星轨道图

小贴士

开普勒第一定律规定一个行星围绕着它的恒星转动，其转动轨道半短轴的立方与半长轴的平方的比值是一定的，而且这个值在任何情况下都不会改变。因此在有了长轴与短轴的情况下，自然就有了行星运行的椭圆轨道了。

太阳系八大行星离太阳有多远

太阳系中八大行星距太阳由近及远分别是水星、金星、地球、火星、木星、土星、天王星和海王星。

水星最接近太阳，是太阳系中最小最轻的行星。因为水星常常和太阳同时出没，在中国古代被称为"辰星"。水星距太阳约5791万千米。

金星是太阳系中第六大行星，中国古代称之为"太白"或"太白金星"。如果黎明前出现在东方的天空中，金星会被称为"启明"。如果黄昏后出现在西方的天空上，此时金星被称为"长庚"。它距离太阳10821万千米。

地球是我们人类居住的星球，是太阳系中的第五大行星。地球有一个卫星，即月球。地球距离太阳14960万千米。

火星是太阳系中第七大行星，在中国古代被称为"荧惑星"。

▲ 太阳与它的八大行星

火星距离太阳 22794 万千米。

　　木星是太阳系中最大的一颗行星，是其他 7 颗行星质量总和的 2.5 倍多，是地球的 318 倍，体积为地球的 1316 倍。木星被称为"行星之王"，共有 67 颗卫星。木星距离太阳 77833 万千米。

　　土星是第二大行星，在中国古代被称为"镇星"，是太阳系密度最小的行星，其密度比水还小，共有 60 颗卫星。土星距离太阳 142940 万千米。

　　从直径来看，天王星是太阳系中第三大行星，体积比海王星大，质量却比其小，共有 25 颗卫星。天王星距离太阳 287099 万千米。

海王星是太阳系中第四大天体，共有 9 颗卫星。海王星距离太阳 450400 万千米。

人类能移居水星吗

近年来，科学家一直在研究人类移居其他星球的问题，但是科学家真能找到这样的星球吗？水星是否是一个适合人类居住的星球呢？而人类又能否移居水星呢？

水星的外貌与月球很相似。像月球一样，水星表面有许多大大小小的环形山，同样也有平原、盆地等地形。历史上水星受到陨石的多次撞击。受到撞击后的水星上就会有盆地形成，而盆地

▼ 水星

的周围则有山脉围绕。此外，水星在数十亿年的演变过程中，表面还形成了许许多多的褶皱、山脊和裂缝。

在太阳系的八大行星中，火星、水星、地球、木星和土星都存在着磁场，但是除了地球，水星是太阳系中唯一一颗磁场显著的行星。而且对于行星来说，磁场的有无绝对是件大事，比如，地球磁场像保护伞一样，帮助地球上的生命抵御太阳射线和其他宇宙射线。

尽管水星是太阳系八大行星中体积最小的一颗，然而水星却拥有大气层，尽管与地球大气层相比无比稀薄。在太阳的强辐射下，水星大气不断向后压缩，在背阳面形成一个"尾巴"，而且水星大气的气体成分还在不断地损失着。

水星是太阳系中昼夜温差最大的行星，白天太阳光直射处最高温度可达 427 摄氏度，夜晚则降到 −173 摄氏度。因为它的温差特别大，因此绝不可能有生命存在。和地球上的环境相比，水星并不是一个适宜人类居住的地方。

为什么水星的昼夜温差那么大

人类的生存与周围的环境有着密切联系，而影响人类生存的主要因素是温度，外界的温度变化对人的影响特别大。地球上最热的地方位于非洲被称为"热极"的埃塞俄比亚的达洛尔，年平均气温高达 34 摄氏度。而地球上最冷的地方是南极洲，年平均

▲ 水星表面

气温只有 −25 摄氏度。在地球气温极高或极低的地区，人类及大多数生物是难以生存的。

水星是太阳系中昼夜温差最大的行星，它的表面平均温度大约是 179 摄氏度，变化范围相当大。白天时阳光直射处的最高温度可达 427 摄氏度，而夜晚时的最低温度能降到 −173 摄氏度。昼夜温差如此之大，有生物存在的可能性几乎是零。那么水星的昼夜温差为什么会如此之大呢？

水星上的大气极其稀薄，大气压非常小，所以大气的反射、保温等作用几乎不存在。水星距离太阳最近，又导致热辐射几乎没有什么损耗就全部作用于地表，而没有日照的地方，热量则快速地散失，这样温差自然会非常大。此外，水星上没有水和植物等储热的物体，白天受太阳照射时气温会很高，而夜晚气温又会急剧降低。这些都是导致水星昼夜温差异常大的因素。

水星上的昼夜温差在 600 摄氏度左右，它是太阳系各大行星中当之无愧的昼夜温差冠军，这里简直就是一个"冰火交替"的世界。

金星为什么如此明亮呢

天空中，我们肉眼所能看见的最亮天体除太阳和月亮就是金星了。有人说金星可能是夜空中最明亮的一颗行星，但一直困扰着人们的一个问题是，到底是什么令它如此明亮呢？

天文学上星体的亮度用星等来表示，一般情况下，我们所说的星等指的是目视星等。星体的亮度与星等的数值是相反的关系，星等的数值越小，星体的亮度就越强。对于人来说，我们在黑暗之中能看见的最暗的星体在 6 星等左右，而 1 等星的亮度是 6 等星的 100 倍，1 等星并不是最亮的，比 1 等星还亮的是 0 等星，更加亮的星星就只能用负数星等表示了。金星为什么如此明亮呢？这是因为它离太阳很近，接受到的阳光比地球多 1 倍。

天文学家通常用"星体反照率"来形容一颗行星的明亮程度。当光照射在行星上时，光线会被行星表面和大气层吸收或者反射。

在太阳系的所有行星中，金星是星体反照率最高的行星。金星有着一层厚厚的浅色云层，反射阳光的能力非常强，反照率高达 76%。通过测算，地球和月球的反照率分别为 39% 和 7%。但是从地球上看，月球亮度为什么超过金星了呢？这是因为月球距离地球很近。金星对阳光有如此高的反照率主要是因为金星被云层遮住了，而云层反射的太阳光使得金星看起来异常明亮。

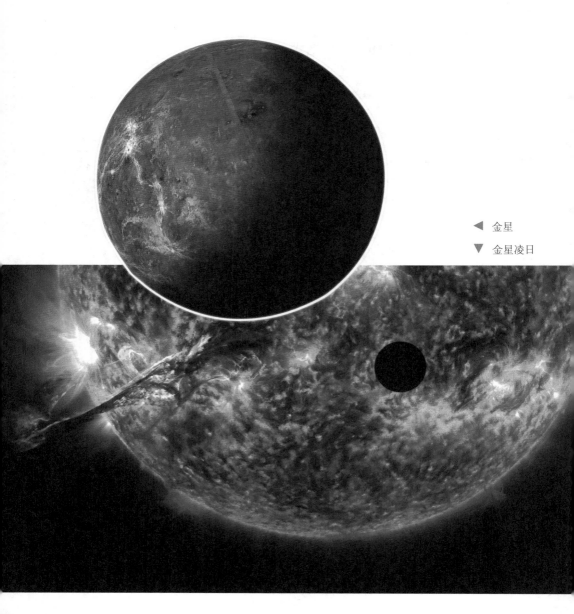

◀ 金星

▼ 金星凌日

金星是怎么运动的

金星是一颗与地球很相似的行星，在太阳系中唯一一颗几乎没有磁场的行星就是金星。因为金星质量与地球相似的缘故，人们形象地将其称作地球的"姐妹星"。在八大行星的运行轨道中，金星的轨道偏心率最小，只有 0.7%，也就是说金星的轨道最接近圆形。那么金星是怎么样运动的呢？

金星绕太阳公转的周期是 224.65 天，我们知道行星的公转轨道几乎都是椭圆的，但金星轨道却近似于圆形。当金星运动到地球和太阳中间时，它离地球的距离将比任何一个行星都要近。研究发现，地球和金星轨道的离心率一直在减小，因此这两颗行星之间的距离也会一直减小。

假如在太阳的北极上空俯瞰整个太阳系的话，就会发现除金星外所有行星的自转方向都是逆时针方向，金星的自转方向是呈顺时针的。在主要行星的自转周期中，金星的自转是最慢的，自转周期是 243 天。你知道吗？金星的时间要比金星的恒星日时间短，而金星的恒星日又比太阳日要长，因此假如有人能站在金星表面观测太阳，看见太阳的周期会是 116.75 天，而且会发现太阳升起的地方是西边，落下的地方是东边，这种现象正好与地球相反。

火星上有生命存在吗

18~19 世纪时，科学技术不够发达，人们仅仅通过肉眼或简陋的仪器对火星进行观测，得出火星上可能存在海洋、陆地、运河甚至火星人的结论。几个世纪以来，人类一直在火星的表面寻找奇特生命可能存在的迹象，从 18 世纪到现在，一些人声称发现"微不足道"的火星生命存在的证据，甚至一些人还声称发现了火星生命。然而，火星上真的有生命吗？

其实现代天文学家一直在寻找的火星生命都是像病毒和细菌等的低等生命形式，而不是像地球人这样的高等生命，甚至科学家只是希望能找到有生命活动所参与形成的化学物质。美国于 1975 年发射了"海盗号"着陆器，2003 年发射了"勇气号"和"机遇号"火星车，2007 年发射了"凤凰号"着陆器，2011 年发射了"好奇号"核动力火星车等来探索火星。发射这些先进探测器的目的之一就是通过探测火星的土壤的成分，进而在火星上搜寻生命或生命存在过的痕迹。

在地球上大部分甲烷的来源都是甲烷菌，同时，科学家在地壳中找到了一些原始甲烷，原始的甲烷是地球在形成碳水化合物过程中的残留物，后来因为火山爆发等地质运动的原因，原始甲烷进入大气中。有的科学家认为，火星表面的甲烷不可能存在，但是目前观测到火星上仍然存在着甲烷，因此我们可以断定火

▲　火星

▼　假想人类在火星上

星上肯定存在甲烷源，而它可能就是制造甲烷气体的甲烷菌，也就是原始的火星生命。但是火星上是否真的有生命存在，仍待考证。

你了解木星吗

太阳系当中有八大行星，对于这八大行星，你了解多少呢？你了解木星吗？

按照与太阳的距离由近及远算的话，木星在八大行星中排第五。而且木星在太阳系的八大行星中体积和质量均为最大，它的质量是其他七大行星质量总和的 2.5 倍多。同时，木星还是太阳系众行星中自转最快的行星，自转一周仅需要 9 小时 50 分 30 秒。木星的形状并不是正球形的，而是一个椭球体。在我们日常肉眼所见的星星当中，它的亮度仅次于太阳、月球和金星，这是因为木星体积很大，对太阳光的反射能力也很强。

木星表面有红、褐、白等横向条纹，因此可以推测木星大气中的风向是与赤道方向平行的。木星大气的一个明显的特征是，在不同区域当中交替吹着西风和东风。而木星表面最大的特征就是南半球的大红斑。木星的表面由液态氢和氦所组成，核心则是液态的金属氢，中心温度特别高，其核心是一个岩质的核。木星离太阳比较远，因此表面温度很低，而木星内部散发出来的热，反而要比太阳传递的热量要多，所以如果木星只有太阳传递的热

▲ 木星

量的话,表面温度将继续下降。

木星拥有非常大的磁场,而且木星的磁气圈是太阳系中最大的磁气圈。太阳风和磁气圈的存在使得木星也和地球一样有极光产生。

木星有卫星吗

我们知道,地球只有一颗天然卫星,那就是月球。那么木星有卫星吗?如果有的话,它有多少颗卫星呢?

木星卫星的发现依赖于望远镜的发明,意大利著名天文学

▲ 土星和它的卫星们

家伽利略在 1609 年制造出了一台 40 倍的双透镜望远镜，这是世界上第一台用于天文观测的望远镜。伽利略首先观察了月球，之后观察木星时发现，有 4 颗卫星围绕着木星转动，而这 4 颗卫星是地球的卫星之外人们首次发现的卫星。因为它们是伽利略发现的，因此被命名为伽利略卫星，而它们分别是木卫一、木卫二、木卫三和木卫四，其中木卫三是太阳系中除太阳和八大行星以外已知的最大的天体。而且木星的其他卫星与伽利略卫星相比，明显要暗得多，我们必须要借助较大的望远镜才能观测到。

伽利略卫星的密度与卫星到木星间的距离有着极大的联系，当卫星与木星的距离增大时，4 颗伽利略卫星的密度将会减小，而且太阳系中各行星密度的规律与伽利略卫星很相似，当与太阳的距离变大时，各行星的密度也会相应地减小。另外，在木卫一的表面覆盖着遇低温就会蒸发的钠盐，在阳光的照射下，钠盐会弥漫在轨道上，形成一个环状云。而其他伽利略卫星表面除覆盖着土壤和冰霜，也有不同的盐。

土星是土组成的吗

看到土星这个名字，你会想到什么？也许有人想知道土星到底是怎样的一个星球，很多人会问，土星是土组成的吗？

根据到太阳由近及远的距离，土星是太阳系的第六颗行星，而且土星在八大行星中的体积仅次于木星。其实土星并不是由土组成的，它是一颗气体星球，当然太阳系行星内不只它一个是气体星球，木星、天王星和海王星都是气体星球。现阶段人们无法直接探测土星内部结构，但科学家认为，土星内部结构与木星很相似。土星形成时，首先是土和冰物质聚集形成一个岩石核心，外围则由气体紧紧包裹着。土星的大气主要以氢和氦为主，并含有甲烷和其他气体。

土星和其他行星一样围绕太阳在固定轨道上运转，而且土星的公转使得土星也像地球一样拥有四季的变换，但是土星四季的时间并不像地球这样短，它的每一季的时间长达 7 年多。由于土星距离太阳很远，土星的夏季也是十分寒冷的。土星的自转速度在八大行星中仅次于木星，由于高速度的自转，它成了太阳系行星中形状最扁的一个。

小贴士

到目前为止，我们已知的太阳系中拥有卫星数目最多的行星就是土星，土星卫星已经超过了 60 个。根据探测发现，土卫六上有大气的存在，而且它是太阳系中唯一有大气的卫星。土卫六是土星系统中最大的卫星，而在太阳系中，木卫三是最大的卫星，土卫六排在第二位。

什么是土星环

2007 年，美国"卡西尼"号土星探测器进行土星观测时，在可以俯视整个土星环的轨道平面上进行了拍摄。根据它发回的照片，人们发现了土星外围有一圈圈无比美丽的环，那么这些环到底是什么呢？

其实很早以前伽利略第一个发现了土星外围的这些环，后来科学家把土星外围的环称为土星环，我们看到土星环不仅颜色非常明亮而且很薄。土星环的主要组成物质是尘埃颗粒、岩石

▼ 土星环

和冰，由这些物质组成的美丽的环状物将土星环绕起来。土星环从内向外依次可以分为 D、C、B、A、F、G 和 E 7 个同心圆环，而在光环与光环之间有着非常明显的裂缝，其中最大的裂缝位于 A 环和 B 环之间。在这些环中，A 环和 B 环是最明亮最宽阔的两个环。B 环是所有环中最大、最亮的一个环，也是质量最大的，当太阳光通过 B 环时，其中 99% 的光线将会被阻拦。A 环是外层最大、最亮的环，C 环在 B 环内侧，是一个很宽阔但比较暗淡的环，它的光深度很小，当有光线垂直通过环时，只有很小的一部分会被圆环阻拦，因此从上面或下面看环时，它看起来几乎是透明的，因为大部分的光线都通过了。

美丽的土星光环与土星的赤道在一个平面内，像地球公转一样，土星赤道面与它的公转轨道平面之间有个夹角，正是因为这个夹角，土星环在我们的眼中会时而在上，时而在下，而当我们平视它的时候，就会发现它不见了，这时即使借助最先进的望远镜也难觅其踪影。

天王星是冷行星吗

天王星是太阳系内按距离太阳由近及远的顺序排列，排第七的一颗行星，同海王星相比，它的体积要比海王星大，而质量却要小于海王星。它的名字来自古希腊神话中的天空之神乌拉诺斯。天王星的名称是太阳系大行星中唯一源自希腊神话而非罗马神话的行星。

在八大行星中，如果我们把木星称为"热行星"的话，那么天王星就是当之无愧的"冷行星"了。各大行星与太阳的距离是不同的，而距离的远近对行星的温度影响很大。尽管与海王星相比，天王星到太阳的距离要近一半，但是天王星的表面温度却与海王星是一样的。通过对天王星表面辐射能力的测定得知，天王星向外辐射的能量只有很少的一部分来自星体内部，而木星、土星、海王星却有近半的能量来自自身内部。由此可见，在太阳系的各大行星中，天王星是唯一缺乏内部热能的行星。通过对天王星结构模型的计算，科学家发现它的中心温度远远低于其他行星。另外，在天王星核外有一层由水冰、氨冰和甲烷冰组成的物质，正是这些物质影响了天王星的温度。

▼ 天王星

若要真正解释天王星的"冷",我们必须追溯到它的起源与演化历程。由于天王星成分中的冰含量占总质量的一半,因此许多科学家认为它是由无数彗星聚集在一起形成的,而彗星正是一颗颗寒冷的冰球,因此形成了天王星这样的冷行星。在天王星记录到的最低温度是 −224 摄氏度,比海王星还要冷,因此天王星"当仁不让"地成为太阳系内温度最低的行星。

天王星为什么会有怪异的天气

1986 年,美国"旅行者 2 号"探测器拍摄到了天王星的早期面貌,通过照片发现天王星外表面看起来很平常,并没有大红斑那样的极端气候。但在最新的观测中,科学家通过使用夏威夷的凯克望远镜详细探测了这颗行星上难以置信的怪异天气,揭示了天王星的真实面目。他们发现,天王星中的深蓝色大气主要由氢气、氦气以及甲烷构成,大气中的风向是由东向西,速度达到900 千米 / 小时,但是并未发现驱动怪异风运动的能量。

看似很平静的天王星却有极为活跃的大气模式,在太阳系的行星中,天王星拥有几乎最冷的大气层,其有记录的最低温度达

到 −224 摄氏度，如此低的温度足以冻结大气中的甲烷。但是天王星赤道附近的扇形云带揭示了它的大气模式是非常不稳定的，在某些区域当中也存在较为活跃的大气活动。这是一种新发现的行星天气现象，但是我们并不能完全透彻地明白它所蕴藏的复杂的动力学机制。在其他行星大气中，没有这样的现象。

有的科学家认为，研究这种怪异大气现象最主要的是研究其动力来源，而且某些科学家认为天王星这种特殊大气环流的主要驱动因素是太阳能，因为他们并没有探测到天王星上存在其他的能量来源的证据。但是科学家提出，太阳光抵达天王星时，能量会弱很多，因为天王星到太阳的距离的确太远。假如太阳能是天王星大气的主要驱动能源，那么它必然有非常高的效率。因此天王星的怪异天气至今仍是一个未解之谜。

海王星为什么看上去和地球一样是蓝色的呢

根据宇宙飞船从太空拍摄回来的地球照片和宇航员在宇宙空间飞行时的亲眼所见，地球是一个蓝色的星球。然而在我们的眼里，不仅地球是个蓝色的星球，海王星看上去和地球一样也是蓝色的，这是为什么呢？

我们知道地球之所以是个蓝色的星球，是因为在地球上海洋面积是最大的，海洋在地球的任何地方都占主要地位，陆地就像

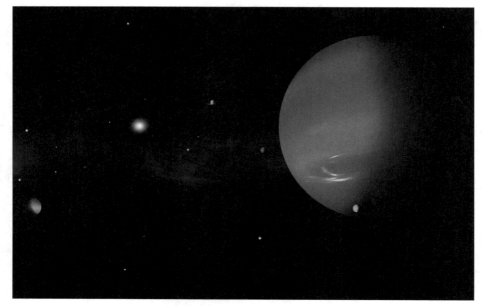

▲ 海王星

是漂浮在海洋上的船只一样。地球上七分是海洋，三分是陆地。因为海洋的广阔无垠，水色偏蓝，因此从太空看地球时，它就成了一个美丽的蓝色星球，而海王星却不是这样的。其实行星与卫星都不能自己发出可见光，它们的光完全靠反射太阳光而来，既然这样的话，那么它们的颜色应该是相同的了，事实却并非如此。我们可以通过它们各自的特殊颜色，将这些行星从群星中分辨出来：金星的颜色璀璨耀眼，火星的颜色火红，木星和土星则呈现淡黄的颜色。其实行星的颜色与它们的大气组成成分和表面性质有很大关系。金星的璀璨耀眼是因为金星大气中浓密的二氧化碳和云层吸收了阳光中的蓝光部分，它反射的光线更多的是橙色光，因此自然显示金黄的色彩。尽管火星的大气稀薄，但火星上的极端天气会将火星表面橙红色的物质卷上高空而使它呈现出红色。

在八大行星中，海王星的颜色与地球的颜色很相近。它在望远镜中呈蓝色，这是由它的大气成分决定的。海王星的大气中含有大量的甲烷，而甲烷对阳光中的红光和橙光具有很强的吸收作用，被海王星的大气反射后的阳光的主要成分都是蓝光和绿光，因此海王星看上去就呈蓝色了。

冥王星为什么不是行星呢

在太阳系的所有天体当中，冥王星是已经被发现的第九大围绕太阳运行的天体。它是在 1930 年被发现的，它的名字来源于罗马神话中的冥王普鲁托，因此中文名为冥王星。冥王星最开始被发现的时候，科学家认为它是太阳系中的一颗大行星，直到 2006 年 8 月 24 日，第 26 届国际天文联合会将冥王星划入矮行星的行列，从此才将它"踢"出了行星这个大圈子。那么，为什么冥王星不是行星呢？

冥王星最初被认为是太阳系中最后一个较大的行星。2006 年以前冥王星与其他的八大行星并称，被列为太阳系第九大行星。然而国际天文联合会通过的决议对行星进行了新的定义。按照这个定义，行星必须围绕太阳公转，自身引力足以使天体呈圆球状，并且能够清除轨道附近的物体。而冥王星椭圆形的轨道同海王星的轨道有了部分的重合，因此不再属于行星这一范畴。而且冥王星是太阳系中至今还没有太空飞行器访问过的天体，甚至在

▲ 冥王星及其卫星

使用哈勃太空望远镜的情况下也只能模糊地观测到冥王星表面的大致模样。

　　土卫八是太阳系中两个半球的亮度反差最大的天体，而冥王星在这个方面仅次于土卫八。冥王星的轨道十分不稳定，与海王星相比，有时候离太阳更近，有时候却更远。和天王星很相似的是，冥王星的赤道面与轨道面之间几乎也成直角。

小行星带是怎么回事

　　近年来，科学家通过研究发现，在宇宙的一些区域中有着大量的小行星，后来科学界把这些区域命名为小行星带。那么这些小行星为什么会集中在这些区域当中呢？小行星带是怎么回事呢？

小行星带是小行星高度集中的区域，这些区域在太阳系内介于火星的轨道和木星的轨道之间。在小行星最密集的区域其数量可达到50万颗之多，这样的区域被称为"主带"，就是通常所说的小行星带。小行星之所以高度集中在小行星带中，木星的引力起着主要作用。此外，太阳引力也起着一定作用。

小行星带主要包含两种类型的小行星，在小行星带靠近木星轨道的外侧，主要是富含碳的小行星，它们的颜色偏红，而在靠近木星轨道内侧的部分则是含硅的小行星，它们的反照率比较高。小行星带中小行星的数量多、密度大，因此天体碰撞频繁，碰撞会产生大量的小行星碎片，而一些残骸在进入地球大气层的时候会成为陨石。当两颗小行星低速碰撞时，有可能会结合在一起，形成新的小行星。

小行星带的形成原因至今仍是个谜，但普遍认为是太阳系形成初期，在火星和木星之间的地方未能形成一颗大行星，因此形成了大量的小行星。而另一种观点是爆炸说，认为是太阳系八大行星之外的另一个大行星在亿万年前的大爆炸形成了大量的小行星。

第四章

太阳：
燃烧的星球

　　太阳只是浩瀚宇宙中一颗十分普通的恒星，但它却是太阳系的中心天体。太阳的年龄约 46 亿岁，正处在其青壮年时期。作为太阳系的中心，地球上的生命都直接或间接地需要它提供的光和热。人类的生活如果离开了太阳，将不堪设想。太阳是人类温暖的依存，是地球最重要的伙伴。但是，我们对太阳并不是特别了解，太阳依旧有很多谜团，等着我们去解开。

太阳是个燃烧着的星球

太阳是个时刻燃烧着的星球，它位于太阳系的中心。但在浩瀚的宇宙中，太阳只是一颗非常普通的恒星，其亮度、大小和物质密度都处于中等水平。只是因为它离地球比较近，所以在地球上看向天空，太阳是最大最亮的天体。

太阳的直径大约是 1392020 千米，约相当于地球直径的 110倍。太阳的质量大约是 1.989×1030 千克，大约四分之三是氢，其次是氦，而氧、碳、氖、铁和其他重元素质量少于 2%。太阳是个热气体（严格说是等离子体）球，它的年龄约为 46 亿岁，是个名副其实的"大叔"啦！虽然太阳是个热气体球，却是太阳系中最"重"的天体，其质量约占太阳系总质量的 99.86%。太阳系中的大行星、小行星、流星、彗星、外海王星天体以及星际尘埃等，都围绕着太阳运行。

地球围绕太阳公转的轨道是椭圆形的，每年 7 月离太阳最远、1 月最近，平均距离是 1.4960 亿千米。以平均距离来算，光从太阳到地球大约需要用 8 分 19 秒，所以我们看到的太阳从来都不是当前的太阳。太阳光中的能量通过光合作用等方式保障着地球上所有生物的生长，也控制着地球的气候和天气。

总之，太阳对于地球来说至关重要。想象一下，假如没有了它，我们的生活将会怎样？

▲　地球上的四季

▼　燃烧的太阳以及围绕它运行的天体

太阳是如何形成的

太阳对我们来说如此重要，它到底是怎样形成的呢？关于太阳的产生过程，众说纷纭。

太阳的形成是个逐渐积累的过程。有科学家认为，宇宙大爆炸后，产生了最基本的物质：氢原子和氢分子。这些基本物质经过数十亿年的积累，形成了早期的星云团。星云团就是宇宙之间又大又稀的混沌状物质团。星云团又经过大概 100 万年的缓慢积累，在它的中心形成了一个温度最高、密度最大的气状圆盘。此时，太阳正在孕育过程中，这个圆盘在自身重力的作用下不断收缩，温度也不断升高。当温度达到约 1000 万摄氏度时，它就开始发生核聚变反应，形成了最初的太阳。

太阳这样一个炙热的大火球和其他恒星的形成是类似的，都是经过上亿年的积累而成。这是关于太阳的形成最科学的解释。或许有一天，科学家们又会发现其他可能的形成方式。科技在不断进步，我们对宇宙的认识也在不断深入。

太阳的核心是"日核"吗

太阳是一个巨大而炽热的气体星球，它的核心是非常重要的部分，叫作"日核"。大家知道日核是什么样的吗？

日核的半径约是太阳半径的四分之一，质量是整个太阳的一半以上。日核的温度非常高，达到1500万摄氏度。日核中物质的密度同样很大，每立方厘米可以达到160克，是地球上水的密度的160倍。它的压力也十分大，才使得氢聚变成氦的热核反应得以发生，并释放出极大的能量。日核是太阳内部唯一能经由核融合产生能量的场所，以阳光的形式释放出热，从核心向外传输的能量加热了太阳其余的部分。核融合所产生的能量，由内而外逐层传递出来到达表层，才能以阳光或微粒的动能形式逃离太阳。日核的能量是通过辐射及对流的方式向外传递的。

这就是日核，一个高温高压高密度、能够释放巨大能量的场所。它的重要性不言而喻，它是太阳的"心脏"，为太阳输送着丰富的"血液"，维持着太阳的"生命"！同时它也维持着地球上万物的生命，为地球上的万物提供阳光，满足人类生存最基本的需求。

太阳有大气层吗

　　地球周围有大气层，保护着我们，这厚厚的大气层由对流层、平流层、中间层、电离层和散逸层五个层次组成。那太阳周围会不会也有这么厚的大气层，保护着太阳呢？

　　答案当然是肯定的，太阳周围也有大气层的存在。太阳大气层是太阳最外面的结构，它犹如罩在太阳身上的外衣，从里向外可以分为光球层、色球层和日冕层三层。这三层结构处于局

▼ 太阳内部结构图

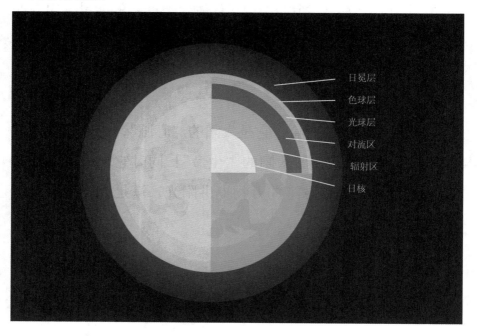

日冕层
色球层
光球层
对流区
辐射区
日核

部的激烈运动中，例如太阳黑子的出没、日珥的变化和耀斑的爆发等。

人们平时能够看见的是太阳的光球层，它是最薄的一层，厚度只有 500 千米，太阳光就是从这一层发出的。同时它也是不透明的，类似于地球的地表，所以人们并不能观测到太阳的内部。而色球层和日冕层类似于地球的大气层，它们只有在日食的时候才能被人们看见。

这就是太阳周围的大气层，没有地球的大气层那么厚。但是，太阳的大气层中每一层活动都很活跃，它们都在保护着太阳，就像地球的大气层保护着地球、保护着人类一样。

"日珥"是太阳的"耳环"吗

"日珥"是发生在色球层的太阳活动，它就像太阳面上的"耳环"一样。它们比太阳圆面暗得多，一般情况下会直接被日晕淹没，不能用肉眼直接看到，只有使用分光仪、单色光观测镜等仪器或者在日全食的时候才可以看见。

每当日珥出现的时候，在外观上看起来日珥就像是在太阳边缘动来动去的耳环，因而被叫作"日珥"。事实上，日珥会表现出万千姿态，并且变幻无常，时而如飞泉，时而如流瀑，时而如云霞，时而如焰火。

尽管日珥形态各异，但以活跃程度来分，大体上可以分为

▲ 日珥

爆发型、宁静型和活动型三类。日珥爆发前只是密密实实的"冷气团"，温度只有 7000 摄氏度，通常悬浮在 100 万摄氏度的日冕中。当"冷气团"从太阳表面喷出，会沿着弧形路线，陆续落回到太阳表面。爆发型日珥特别壮观，有的爆发高度可以达到几十万千米，有些物质落不回太阳表面，而是被抛射到宇宙空间中。宁静型日珥喷发缓慢，回落更加缓慢，甚至可以持续几个月。活动型日珥喷发得很迅速，持续时间从几分钟到几小时不等。活动日珥和黑子群有关，而且不论数量还是活动时间都同太阳活动周期紧密相关。

对于太阳来说，日珥的爆发和回落都只是一瞬间而已，无数高温等离子小日珥可高达 9000 多千米，宽达 1000 千米，但平均寿命也只有几分钟而已。

什么是日冕

你有没有见过"日冕"？

日冕也不是随时都能看见的，只有在日全食时，我们才会看到日面周围出现呈放射状的非常明亮的银白色光芒，这就是日冕。它的形状会随着太阳活动的周期变化而变化。在太阳活动极大年，日冕的形状接近圆形，而在太阳活动极小年，日冕的形状呈椭圆形。日冕在色球之上，是太阳大气的最外层，厚度达到几百万千米。日冕中的物质也是等离子体，它的密度比色球层低很多，而温度却比色球层高很多，可以达到上百万摄氏度。日冕发出的光比色球发出的还要弱。为了方便研究，科学家将日冕分为内冕、中冕和外冕三个部分。

通过 X 射线或者远紫外线照片，可以发现日冕中有大片不规则的黑暗区域，这是冕洞。它是日冕中气体比较稀薄的区域，寿命最多可以达到一年。不过，冕洞其实不是"洞"，基本上都是长条形或者不规则状。冕洞大致分为位于两极地区常年都有的极区冕洞、位于低纬区一般面积较小的孤立冕洞以及向南北延伸的延伸冕洞三种。

▲ 日面周围出现呈放射状的非常明亮的银白色光芒

▼ 太阳大气中被称为"冕洞"的暗裂缝

太阳的能量来源是什么

太阳是地球上能量的主要来源，那太阳能量的来源又是什么呢？科学家们一直在研究这个问题，到底是不是人们通常所说的"核聚变反应"呢？

有的科学家认为，太阳的能量来源于其核心内部的"核聚变反应"。太阳的核心温度达 1500 万摄氏度，压力相当于 2500 个大气压。核心区域的气体被极度压缩至水密度的 150 倍，如果在这里发生核聚变，那么每秒钟会有 7 亿吨的氢被转化成氦，在这个过程中，大约会有 500 万吨的净能量被释放出来。

太阳释放出来的能量到底有多少呢？我们可以像科学家们那样设想：在地球大气层以外放一个特别仪器，以测算太阳总能量。在每平方厘米的面积上，每分钟接收的太阳总辐射能量为 8.24 焦，我们把这个数值乘以日地平均距离做半径的球面面积，可以估算出太阳发出的总能量，约为每分钟 2.273×10^{28} 焦。但是，太阳辐射总能量中只有二十二亿分之一会到达地球上。

太阳的参数都是通过上述方式估计的。太阳的能量来源于内部的核聚变反应，也只是部分科学家的看法，随着科学的进步，人们对于太阳能量一定会有更多的发现，说不定会有截然相反的结论。科学是奇妙而深奥的，需要人们不断努力探索。

▲ 已经开始发生反应的核聚变反应堆

太阳上会发生哪些剧烈活动

太阳是个"调皮"的家伙，表面看似安静，实际上却顽皮得很。

太阳活动是太阳大气层里所有活动现象的总称。按照其活动剧烈程度，可以把太阳分为活动太阳和宁静太阳两部分。但是宁静太阳其实也不"宁静"，研究发现，宁静太阳也有太阳活动，只不过尺寸、幅度比较小而已。太阳活动包括光斑、谱斑、耀斑、太阳黑子、日珥和日冕瞬变事件等。这些活动都由太阳大气中的

▲ 因太阳活动而引起的地磁暴

电磁波引起，时而强烈，时而弱小，平均以 11 年、22 年为周期。太阳处于活动剧烈期，辐射出大量紫外线、X 射线、粒子流和强射电波，会引发地球上出现极光、磁暴和电离层扰动等现象。

　　太阳黑子是太阳活动的基本标志。对太阳活动的研究很久以前就开始了，对太阳活动变化的最早记录是关于太阳黑子的变化。有关太阳黑子的第一次文字记录大约是在公元前 800 年的中国，而最古老的描绘记录约在公元 1128 年。

太阳黑子是太阳脸上的"痣"吗

　　有时，人们会用肉眼看见太阳表面上有一大群黑点点，特别是天气晴朗时，在清晨或者傍晚，日光微弱的时候，看起来会特别清晰。那么，这些黑点点是什么呢？

对了，这就是太阳黑子！它们其实是太阳光球层上的一些旋涡状的气流，外形像一个浅浅的盘子，中间下凹，看起来好像是黑色的。实际上黑子并不黑，它们之所以看起来很黑，是因为比起光球来，它们的温度要低 1000 ～ 2000 摄氏度，在更加明亮的光球的衬托下，它们就显得暗淡无光，这就是没什么亮光的黑子啦！

太阳黑子是太阳活动中最基本、最显著的一种。太阳黑子基本不单独活动，通常成群出现。太阳黑子的形状大部分是椭圆形的，但是大小不一，它们中的"大块头"直径可达几十万千米，

▼ 太阳表面的太阳黑子

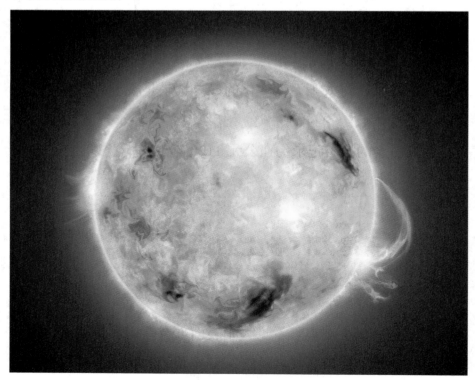

几乎可以容纳十几个并排着的地球，而较小的黑子直径也可以达到上千千米。但是，太阳黑子的大小、多少、位置和形态并不固定，会不断变化。天文学家把太阳黑子最多的年份称为"太阳活动峰年"，而把太阳黑子最少的年份称为"太阳活动谷年"。

小贴士

太阳黑子活动特别频繁，是太阳活动的基本标志。它们看起来像"太阳大叔"脸上的"痣"，但千万要记住，它们其实是太阳光球层上的旋涡状气流哦！

太阳黑子会对地球产生什么影响

黑子爆发是一种激烈的太阳活动现象，对地球有很大影响。

首先，当太阳上有大量的黑子群出现的时候，会出现磁暴现象，导致指南针失灵，不能正确地指示方向。信鸽也会因此迷路，找不到正确的方向。无线电通信会受到很大的影响，甚至会突然中断一段时间。而这些太阳黑子引起的磁暴现象还会对飞机、轮船和人造卫星的运行造成影响。

其次，太阳黑子的爆发也会引起地球上气候的变化。当太阳黑子多的时候，地球上就会出现气候干燥的情况，而太阳黑子少

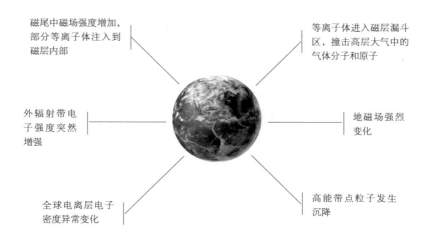

磁尾中磁场强度增加，部分等离子体注入到磁层内部

等离子体进入磁层漏斗区，撞击高层大气中的气体分子和原子

外辐射带电子强度突然增强

地磁场强烈变化

全球电离层电子密度异常变化

高能带点粒子发生沉降

▲ 地磁暴对地球的影响

的时候，气候就变得潮湿，甚至会出现灾害性的暴雨天气。我国的著名科学家竺可桢先生曾研究指出，凡是中国古代书上记载太阳黑子多的年份，冬天就会特别寒冷。此外，地震次数的多少变化，也和太阳黑子的活动有关。

再次，太阳黑子多的年份，树木生长得更快、更好，而太阳黑子少的年份树木生长得很缓慢。树木的生长快慢随黑子活动的11年周期而变化。

太阳黑子的爆发对地球来说，有好的方面，当然也有许多不利的方面。我们应该善于利用它带来的好处，预防它可能带来的危害。

太阳上的"米粒组织"是一个一个的小米粒吗

太阳上的"米粒组织"是什么？

用天文望远镜才可以观测到"米粒组织"。它们看起来呈多角形小颗粒状，是太阳光球层上的一种日面结构。"米粒组织"的温度比米粒间区域的温度要高出大约 300 摄氏度，因此可以很容易被观察到。不过，"米粒组织"可真不小，其直径实际上有1000～3000 千米。"米粒组织"看起来很明亮，分布比较均匀，呈现出激烈的起伏运动模式，有可能是从对流层上升到光球层的

▼   太阳上的"米粒组织"

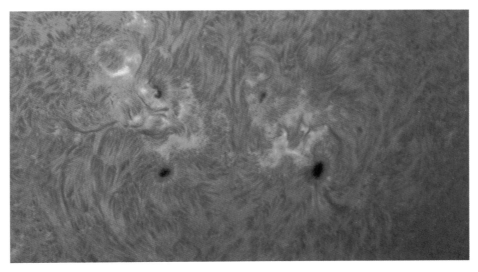

热气团。

"米粒组织"的活动时间很短暂，从产生到消失平均就几分钟。但是，有意思的是，每当一批"米粒组织"消失时，就会有新一批"米粒组织"出现，就像在同样的位置不断冒着气泡，循环往复。

"米粒组织"可爱吧？就像米粥里的泡泡一样，出现又消失，消失又出现！不过，"米粒组织"是多角形的小颗粒，并不是"一颗一颗的米粒"哦！

太阳风是太阳上刮的"风"吗

听说过"太阳风"吗？你是不是觉得"太阳风"就是太阳上刮的风呀？

太阳风其实是来自太阳的等离子流体，是由比原子还要小的基本粒子——质子和电子构成的。这种物质在流动时所产生的效应，就好像地球上的空气流动而形成的"风"，于是被称为"太阳风"。

太阳风尽管非常稀薄，但是刮起来的时候其猛烈程度却远超过地球上的风。地球上的 12 级台风，其速度是每秒 32.5 米以上，而太阳风的速度，在地球附近都通常保持在每秒 300 千米 ~ 500 千米，是地球上最强风速的上万倍，最猛烈的时候甚至可达每秒 800 千米以上！可想而知，太阳风是多么令人畏惧，多么猛烈了

▲　太阳风存在的最有力证据是彗星的"尾巴"

吧！太阳风对地球的影响很大，往往会引起很大的磁暴与强烈的极光，同时也会产生不同程度的电离层扰动。太阳风的存在，给我们研究太阳以及太阳与地球的关系提供了证据。

小贴士

你见过彗星吗？彗星那长长的尾巴就是太阳风作用的结果，太阳风使它形成很长的、背向太阳方向延伸的彗尾。大家在观看彗星的时候，就是在欣赏太阳风的杰作，领略太阳风的魅力！

什么是太阳光

　　太阳光是很重要的自然资源，每天照耀着大地，让整个世界熠熠生辉、五彩缤纷。

　　太阳光是由于太阳内部发生核聚变反应而产生的强烈的光辐射，其中有一部分经过很长的距离射向地球，被大气层过滤以后，到达地面。太阳光是各种波长的光的集合，其中包括红、橙、黄、绿、蓝、靛、紫等色彩绚丽的可见光和红外线、紫外线等肉眼看不见的不可见光。趋向红光的光所含热能比例较大，而

▼　人眼可见光与无法看到的红外线和紫外线

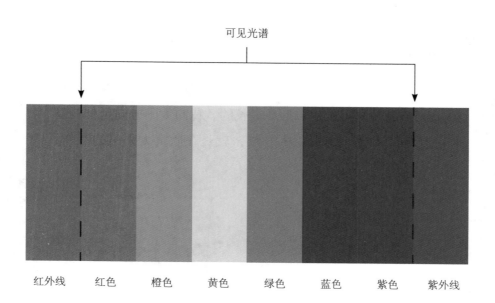

可见光谱

红外线　　红色　　橙色　　黄色　　绿色　　蓝色　　紫色　　紫外线

趋向紫光所含热能比例较小。不过真正的太阳光也不是只有 7 种颜色，而是包含了从红外到紫外之间的所有连续波长的光波，如果非得说有多少种颜色，那就是无数种。

当太阳光被物体吸收时，光能就转换为热能。黑色物体吸收光能最多，灰色物体吸收光能较少，白色物体吸收光能最少。所以，夏天穿黑色衣服的人通常会感觉更热。

在地球上，阳光最多的地方是撒哈拉大沙漠东部，那里年平均日照达到 4300 小时。换句话说，那里平均每天有 11 小时 45 分钟的时间可以见到灿烂的阳光。

太阳光为大地带来了无限生机，让这个世界变得无比美丽！

太阳光对地球有什么影响

太阳光对地球的影响是无所不在的，下面我们就一起看看到底会有哪些影响。

首先，太阳光是用之不竭的，它有两大优点：第一，其蕴藏量极其丰厚，从某种意义上来讲，是取之不尽、用之不竭的；第二，不会产生废气污染环境，因此越来越受到人们的重视。其次，太阳光照射在人们的身上，有利于促进血液循环，增强肠胃蠕动，促进消化。经太阳紫外线的照射，人体内的胆固醇能转化为维生素 D，有利于骨骼的生长，对小孩子的生长发育有极大的好处，同时也让人们保持健康的身体状态。再次，绿色植物可以

▲ 为减少太阳光对眼睛的损害，人们戴上了太阳镜

▼ 人们通过太阳能电池板利用太阳光发电

将光能转化成生物必需的能量，而植物可为动物所食用，草食性动物又为肉食性动物所食用，于是地球上的各种生物就紧密联系起来，成为一条完整的食物链和能量系统。最后，太阳光中的紫外线有很好的杀菌作用，但是，不可以过度地晒太阳，否则会患上皮肤病，更严重时会导致皮肤癌。

直射的阳光过于明亮，人们会感到很不舒服，特别是在阳光下阅读报纸的时候。的确，在直射的阳光下阅读有可能造成永久性的视觉损伤。所以，人们发明了"太阳镜"来保护自己的眼睛。

太阳光的确对地球、对人们有着很大的影响，但是，若过度地暴露在阳光下，同样会让我们受到伤害。所以，在享受太阳光的同时，我们也要学会保护好自己。

什么是日食

你有没有见过"天狗吃太阳"呢？其实，天上的太阳少了一块并不是"天狗"惹的祸，而是日食现象。

日食，是一种天文现象。当月球运行到太阳和地球之间的时候，对地球上的一些地区来说，月球就在太阳的前方了，因此来自太阳的部分或者全部的光线就会被月球遮挡住，看起来就好像太阳的一部分或者整个都消失了。不过这个过程是逐渐变化的，当太阳被全部遮住时，我们就可以看见天空中最亮的恒

▲ 日食形成示意图

星和行星。几分钟后，太阳光就渐渐地从月球黑影边缘露出来，慢慢复原。

历史上，各地的民间传说大多认为，日食象征着灾难的降临，人们会在日食之日举行"救日行动"之类的仪式。日食被视为不吉祥的征兆，这都是由于当时认知水平的局限，缺乏天文知识。不过，到了现代社会，这种完全没有科学依据的想法已经被人们摒弃。大家一定要相信科学，用科学的眼光来看待不寻常的事物。

日食有哪些种类

日食可分为不同种类。那么，大家知道日食都有哪些种类吗？

第一种是日全食。由于对称的缘故，月球的暗影宽度正好可以遮住整个太阳。太阳光球完全被月球遮住，但是此时可以用肉眼观察到模糊的日冕。日全食只在月球位于近地点的时候发生，不过由于太阳的实际体积要比月球大得多，所以日全食通常只能在地球上一块非常小的区域才能被看到。

第二种是日偏食。日偏食时太阳一部分的光线被月球遮住，但是另一部分仍继续发光。一般情况下，日偏食会伴随着其他的食相同时发生，但是发生在极区的日食会是单纯的日偏食。

第三种是日环食。日环食发生时，我们依然可以看见太阳边缘的光球，它环绕在月球阴影周围形成一个明亮的环。在日环食区域之外的地方，我们所看见的食相是偏食。

第四种是全环食。全环食并非直接发生，而是随着地月之间的相对运动，先后出现环食、全食、环食。对于一个具体的地点来说，一次日食过程中是不会同时看见全食和环食的。全环食发生的概率很小。

日食有四种，下次发生的时候，你可以仔细看看，看能不能分辨出是哪一种。

▲ 全环食

▲ 日全食

▲ 日偏食

为什么说不看日全食是"终身遗憾"

很多亲自观赏过日全食的人都觉得，目睹天空由明亮逐渐变得黑暗，看到烈日当空变为繁星满天的过程实在是震撼。这是任何照片、影像等形式都无法给予的视觉震撼和心灵震撼！明亮夺目的"贝利珠"、圆形的日冕、跳动着的鲜红的日珥等，许多平时难得一见的景象，都会在日全食时显现，这让天文爱好者们十分着迷。一些能够在家门口观赏到日全食过程的人，能享受这样的视觉盛宴真的是人生中的一大"幸事"，然而对于其他地区无法在家门口看见日全食的人们来说，如果有条件，也可以加入日食"全球追踪者"的行列，一起来观看如此美妙的日全食。

日全食对于普通人来说是难得一见的绮丽景象，对于科学家、天文学家们来说，更是研究天文现象的大好时机！所以说，不看日全食真的是"终身遗憾"。

什么是日晕

有时，在太阳周围会出现一道光圈，色彩艳丽，被称为"风圈"，气象学上称之为"日晕"。民间有"日晕三更雨，月晕午

▲　日晕

时风"的说法，意思就是说如果出现日晕的话，半夜三更就会下雨，如果出现月晕的话，那么第二天中午就会刮风。虽然说这只是一则民间的谚语，但是也有一定的根据与合理性。

日晕是阳光通过云层中的冰晶时发生折射而形成的光学现象。即将下雨的时候，空中会出现含雨的卷层云。由于气温较低，云中的水滴会形成六棱柱状的小冰晶。当太阳光穿过云层，会在小冰晶上发生折射，围绕着太阳呈现出环状的色圈，看上去就像在太阳的周围出现一个光圈，由内而外呈现出红、橙、黄、绿、蓝、靛、紫七种颜色，这就是日晕。

日晕多出现在春夏时节，在一定程度上可以预示天气变化的情况。当日晕出现时，天气有可能变得不好，有时可能会下雨。不过，日晕预兆旱涝的说法目前还找不到科学依据。

这就是漂亮的日晕，很吸引人吧！但是大家一定记住：不能长时间用肉眼观看，否则会灼伤眼睛的。

第五章

地球：
我们的家

我们居住的地球是一个蔚蓝色的星球，它是我们共同的母亲。关于地球，我们又了解多少呢？

地球是什么时候诞生的？它是由哪些部分构成的？它已经多大"年纪"了？它的"体重"又是多少？是胖还是瘦？还有，古人常说"天圆地方"，那么地球是方块状的，还是球体呢？地心有温度吗？它的"内心"是火热的，还是冰凉的呢？它的外表是冷峻的，还是温暖的呢？

处于茫茫宇宙之中的地球是恒星吗？作为宇宙中目前已知的

一颗特殊的、存在生命的星球，我们对它有怎样的认知呢？

让我们一同来了解我们所居住的蔚蓝色星球吧！

地球是怎样出现的

　　地球是人类赖以生存和发展的家园，自有文明以来，人们从来没有停止过对自己所居住的这个星球的探索。直到波兰天文学家哥白尼提出了"日心说"，英国科学家牛顿发现了万有引力，以及伽利略第一次把望远镜用作天文观测，关于地球起源的各种科学假说被相继提出，或得到进一步讨论。地球的起源、地球上生命的起源和人类的起源一直是科学领域的三大难题。

▼ 随着恒星外层膨胀，行星状星云正在形成

而历史上与地球起源有关的假说最具有代表性的有 4 个，分别是德国哲学家康德的星云说、法国数学家拉普拉斯的星云说、英国天文学家霍伊尔和德国天文学家沙兹曼的霍伊尔 - 沙兹曼星云说，以及中国天文学家戴文赛的星云说。

康德于 1755 年关于地球的形成提出了一个设想，他认为较为致密的质点组成凝云且相互吸引而成为球体，质点组成的凝云又因为相互排斥而使得星云旋转。这个星云说的假说，有着一定的开先河的价值，为后续的探索者和研究者们打开了一扇通往科学殿堂的大门。

拉普拉斯于 1796 年提出，行星是由围绕自己的轴旋转的气体状星云所形成的。20 世纪 60 年代，霍伊尔和沙兹曼根据电磁作用机制提出新的假说，开辟了一个关于地球起源的新的探索领域。1974 年中国天文学家戴文赛也提出了星云说，由此中国对于地球起源的研究进入了世界先进行列。

地球到底是怎么出现的？这是一个极其复杂的难题，每一种假说都是科学家根据其所处时代的认知水平进行探索而提出的。这些假说不一定就是地球起源的真相，但我们相信，随着科学的发展，地球起源之谜一定会被解开。

地球现在多少岁了

随着时间的推移，我们的年龄也逐步增长。那么，你有没有想过地球几岁了呢？"她"在茫茫的宇宙中存在了多久？地球是一直存在着的还是后来才出现的呢？据迄今为止的科学研究证明，地球也是有年龄的，"她"差不多已经46亿岁了。

大概46亿年前，银河系里曾经发生过一次爆炸，爆炸后的气体与尘埃在太阳系内部集中融合，最终形成了太阳和各大行星。当然，我们生活的地球就是其中之一。

生活在地球上的人们一直都关心地球的年龄问题，自从开始对宇宙进行探索，人们一直没有停止过对地球存在时间的计算，直到20世纪，科学家们才发明了同位素地质测定法，这是目前为止测定地球年龄的最佳方法，是计算地球历史的标准模式。根据这种方法，科学家找到了最古老的岩石，测算出它有38亿岁。然而，地球的实际年龄应该比38亿年更长。地球在形成时期，可能是一个炽热的熔融球体，约8亿年后才冷却下来，形成了坚硬的地壳，以及最早的岩石。科学家们一致认为，地球的实际年龄约是46亿岁。

由此看来，我们的年龄跟地球的年龄比起来真是微不足道呢！

地球有多重

地球的质量曾经是一个谜，曾经有人想用这样的公式来计算地球的质量，即"质量＝密度×体积"。可是，即使在人们大致知道了地球的体积以后，地球的密度仍然困扰着研究地球质量的人们。因为地球各部分、各物质的密度不同，所以谁也没有办法知道地球的平均密度。17 世纪的权威人士曾断言：人类永远不会知道地球的质量。

但人类探索未知事物的脚步不会因为困难就停下，依旧有人在不断研究探索，向权威挑战。

牛顿在 17 世纪末发现了万有引力定律，他想通过测量地球引力来计算地球质量，虽然没有成功，却给后来研究地球质量的科学家指明了一条新的道路，就是通过"万有引力定律"的理论去测算地球的质量。

英国科学家亨利·卡文迪许在年轻时就立志攻破这个著名的难题。他做过的最有名的实验就是有关万有引力的扭秤实验，卡

▼ 卡文迪许万有引力扭秤实验示意图

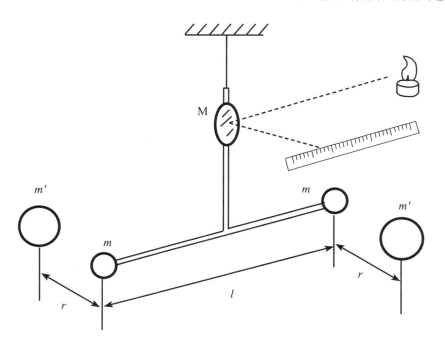

文迪许花费了大量的时间和精力去做扭秤实验。最后，经过不懈的努力，卡文迪许用了 50 年的时间，在 1798 年通过扭秤实验测出了"万有引力常数"。根据这个数值，精确地计算出了地球的质量。

地球到底有多重呢？卡文迪许算出是约 60 万亿亿吨！卡文迪许被誉为"第一个称量地球的人"。

地球的内部到底是什么样子呢

人类在地球上已经生活了几百万年，宇宙飞船陆续飞往太空，去探索地球以外的宇宙的奥秘，但是对于平均半径达到 6371 千米的地球内部，我们却至今难以一探究竟。地球的内部到底是什么样子呢？

虽然我们现在还不能进入地球内部去研究探测，但是科学家通过研究地震波和火山爆发等现象，已经间接地揭示了地球内部的奥秘。地球由外而内包括地壳、地幔和地核三层。

地壳是地球表面的一层厚薄不均匀的壳，平均厚度 17 千米。地壳的下一层是地幔，平均厚度为 2900 千米左右。虽然地幔大部分是固体，但它却是液态岩浆的发源地。地幔活动对人类的影响很大，大多数地震就是由地幔活动造成的。地幔的组成很复杂，地幔的最上面，由于其物质的性质与地壳类似，于是科学家将地壳和地幔的最上部合在一起，命名为"岩石圈"。

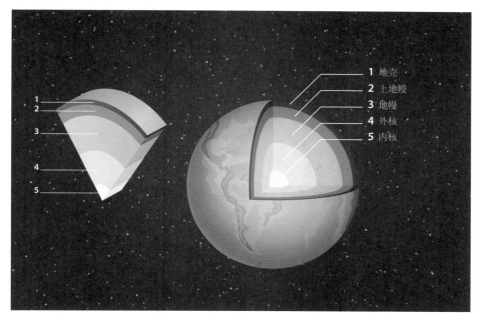

1 地壳
2 上地幔
3 地幔
4 外核
5 内核

1
2
3
4
5

▲　地球内部结构图

再往地心方向深入，就是地核，它的半径大约有 3470 千米，温度约 3000 摄氏度。地核的外核可能是液态物质，而内核可能是固态物质。

对于地球内部的构成，科学家虽然进行了很长时间的探索，但是因为从来没有进入地球内部，所以这些研究都没有相对严谨的证据支持。相信在不久的将来，我们一定能够揭开地球内部神秘的面纱。

气温就是地球的表面温度吗

看天气预报时你会发现，有时少林寺附近的气温刚到 0 摄氏度，大兴安岭地区却在零下 30 摄氏度左右，而海南岛上的居民竟然还穿着短袖短裤！同属一个国家，同处在一个地球上，为什么各地之间的温度差却这么大呢？天气预报上常说的"气温"，和地表温度是一回事吗？

要知道，地表温度和气温是两个截然不同的概念。地球上的光热来自太阳，太阳辐射能就是地球表面温度升高的原因。太阳光照到地球表面，先要经过包裹着地球的一层厚厚的大气，而后才能到达地球表面。大部分的太阳辐射能都在穿过大气层的时候散失在大气中了，只有少部分的太阳辐射能可以透过大气射到地面。地面吸收了太阳辐射能，温度升高以后，又把热量传递给靠近地面的大气。这就是我们所说的"太阳暖大地，大地暖大气"。日常生活中所说的"气温"指的是地球表面大气的温度，并不是地表温度。要想知道一个地方是冷还是热，我们常常测这个地方的气温，而不是地表温度。

到现在为止，世界上观测到的最高气温为 63 摄氏度，出现在非洲的索马里；最低气温在零下 90 摄氏度以下，出现在南极洲。从全球范围看，地球表面的平均温度维持在 15 摄氏度左右，但全球平均气温却有不断上升的趋势，这就是我们所说的"全球变暖"。

为什么地球上南、北极寒冷无比

胖胖的北极熊和可爱的企鹅是很多小朋友喜欢的动物。它们身上都有厚厚的皮毛，这样的特点跟它们所生活的地区有着密切的联系。南极和北极非常寒冷，它们需要厚厚的皮毛保护自己。那么，为什么南极和北极寒冷无比呢？

117

地极是地球自转轴与地球表面相交的两点，包括北极和南极。北极和南极都是地球上非常寒冷的地方，一年到头气温都很低，以致那里冰天雪地，成为一个银装素裹的世界。

地球的南北极地区跟热带和中纬度地区相比，接受的阳光照射更少一些，因此南北极相对来说都比较寒冷。而且在南北极太阳升起的角度永远都在 23.5 度之内，斜射的太阳光传递到南北极的热量非常少，少量的太阳光照射到两极后，又被两极的长年累积的冰层反射回空气中。除此之外，南北两极都要经过漫长的、为期 6 个月的极夜时期。也就是说，在一年的时间里，南极、北极有半年的时间全天都是黑夜，根本看不到升起来的太阳。

南极大陆的年平均气温在零下二三十摄氏度，比北极要低 20 摄氏度。冬天，南极的最低气温能达到零下 90 摄氏度！想象一下，那该有多冷啊！

人类是怎样一步步认识到地球是球形的

你有没有过这样的疑问：我们站在地球上某个地方向四面眺望，看起来地球就是一个平面。地球这么大，人们是如何发现它是球形的呢？

其实，在很长的一段时间里，人们都认为自己居住的地球就是一个平面。中国古代学者提出著名的"天圆地方说"，把天空

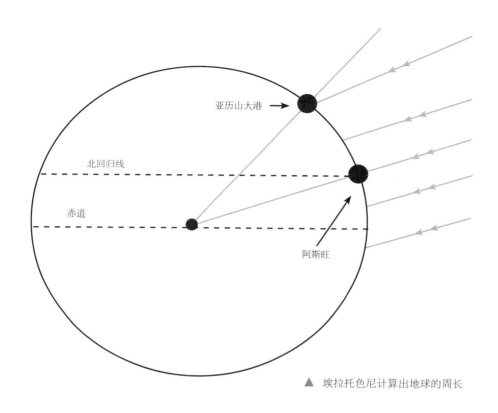

亚历山大港

北回归线

赤道

阿斯旺

▲ 埃拉托色尼计算出地球的周长

比喻成一个穹顶，像盖子一样安放在地面上。世界上其他地区也有人提出过相似的理论。在古人的想象中，"世界是平的"成为一个"真理"。

　　不过，总有一些杰出的研究者通过不懈的观察和推理，去挑战所谓的"真理"。公元前 5~6 世纪，古希腊著名的哲学家毕达哥拉斯认为地球是球形的，因为他认为在所有的几何体中，只有球形是完美无缺的。但这只是他个人的一种假设，并没有科学依据。随后，著名学者亚里士多德在观察月食时，发现月亮上地球的阴影是圆形的，据此给出了地球是球形的第一个科学依据。公元前 3 世纪，古希腊天文学家埃拉托色尼在地球的两地设置了观测点，根据正午时候太阳光射向这两地时不同的角度，第一次计算出了地球的周长。

中国唐代著名高僧张遂（法号一行）曾主持过天文测量大会，根据北极高度和夏日的日长计算出了地球的周长。

葡萄牙著名航海家麦哲伦于 1519~1521 年率领船队首次环绕地球航行。虽然他死于与菲律宾当地部族的冲突中，没能亲自完成环球航行，但他领导的船队在他死后继续航行并回到了欧洲。这次环球航行证明了地球确实是球形的。

地球如果没有重力会是什么情况

地球重力是无时不在、无处不在的，始终如一，不会变化，大家对此都习以为常。但设想一下，如果地球失去了重力，整个世界将会变成什么样子？地球重力对人类来说意味着什么呢？

如果地球真的没有了重力，人类就会像突然有了超能力，飞离地球、飞向宇宙。地球引力消失以后，人、家具、汽车，甚至那些在你桌上的铅笔和纸张等，都会突然间像失去了留在地球上的理由，成了"无根之物"，开始到处飘浮。还有我们赖以生存的两样必要的东西——空气和水，它们同样都是靠地球重力才覆盖在地表上的。地球没有了重力，所有的水分都将散逸到太空中。空气也将会逃逸到太空里，大气层不复存在，再也不能保护人类免遭宇宙辐射的侵袭。月球就是一个很好的例子。因为月球

▲　如果没有重力……

上的引力只有地球重力的 1/6，不能留住空气形成大气层，所以月球上面几乎是真空的。没有了空气，不仅人类无法呼吸，所有的生物都将灭亡。

地球重力对人类来说是十分重要的，虽然我们看不见摸不着，甚至意识不到它，但我们离不开它，也经受不起它有任何大的变化。

为什么地球上会有生命

人们常说地球是"生命的摇篮"，在人们的印象里，地球的每个角落几乎都有生命存在。但是在浩瀚的宇宙中，并不是所有的星球都存在生命，科学家们至今还没有发现除了地球第二颗存在生命的星球，可见我们生活的地球是多么珍贵。

为什么地球上会存在生命呢？有下面几个重要的原因。

（1）水的存在。水是生命之源，水能够溶解物质，地球在形成之初，很多原始的有毒物质正是因为水的溶解作用才失去了毒性，慢慢累积变化，成为有机物。水能运输物质，在生命体内，也起着运输营养物质和排除毒素以及有害物质的作用。地球上有了水，才有了生命的起始。

（2）适宜的温度。地球与太阳的距离适中，使得地球的整体温度适宜生命的存活。过高或者过低的温度都不利于生命存活。日常生活中，我们就能体会到这一点：天气热的时候，我们喜欢吃冰激凌降温，预防中暑；天气冷的时候，我们穿上厚厚的棉袄，预防冻伤。所以适宜的温度是生命存在的必要条件。

（3）厚厚的大气层。就像我们在下雨天或者大晴天撑的伞一样，大气层包裹着我们美丽的地球母亲，抵御着各种宇宙射线和陨石的攻击。大气层还对全球的气流流转起着至关重要的作用，而地球能保持相对稳定的温度，也要归功于厚厚的大气层。

（4）稳定的宇宙环境。我们的地球处在一个相对安全稳定的宇宙环境中，地球附近的行星各自运转在专属的轨道上，互不干扰，且地球附近的星际空间相对较大，受到外太空物体干扰的概率十分低，这也保证了人类的安全。

▼ 地球——生命的摇篮

人类会一直居住在地球的表面吗

自古以来，人类都居住在地球的表面。随着现代科技的进步，人们已经不满足于仅仅在地表活动了，于是，科学家们便将眼光投向了地表以外的地方。告别世代生活的地方，去找寻另外一番天地，已经不仅仅是梦。人们设想的未来居住地有以下许多种：

（1）深海。地球有71%以上的面积都是海洋，但是人们对海洋的了解还只是处于浅海的阶段。越来越多的国家都开始对深海领域进行探索，那里有丰富的资源和非常安静的环境。只是因为强大的水压的存在，人们对深海的研究进展很慢。但是科技总是不断进步的，总有一天，居住在深海不再是梦想。

（2）地心。诸多研究表明，地球并不是完全实心的，由于各种各样的地质活动，地球本身存在着很多很大的缝隙。或许有一天，地表不再能够满足日益膨胀的人口，人们搬去地心定居，也不是不可能。

（3）大气层。飘浮的房屋，我们可能在童话中读过。随着人口的不断增长，以及地表环境的不断恶化，人们想住进"飞屋"的渴望愈发强烈。

（4）外太空。人类不断派出各种各样的宇宙飞行器探索外太空，探索宇宙之余也想寻找一个适宜人类居住的星球。未雨绸

▲ 在太空看地球

缪，在未来的某一天，地球的生命终会走到尽头。或许，外太空的某个地方正是人类未来的最好归宿。

为什么地球上有空气

宇航员在太空中总是穿着厚厚的宇航服。之所以这样做，一是为了抵御过低或者过高的温度，以及各种对人体有害的射线；二是宇航服可以提供给宇航员足够的空气，宇航员才能在其中自由呼吸。

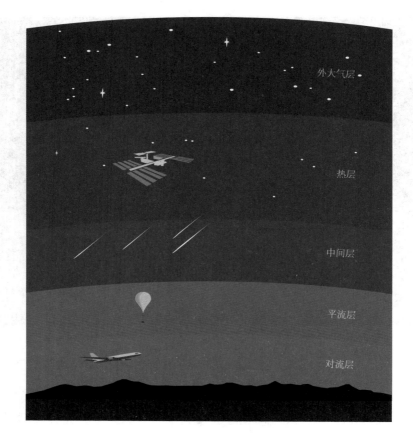

外大气层

热层

中间层

平流层

对流层

▲ 地球的大气层

　　空气对人类的重要性不亚于水。没有空气，人类就不能呼吸，一旦无法呼吸，生命就不可能继续存活下去。空气中还有氧气，是我们赖以生存的必需品。那么，地球上的空气，究竟来自哪里呢？地球上为什么会有空气呢？

　　地球在形成初期，火山不断喷出大量的气体。地球上的物体都受着地球的吸引力，这些气体也是如此，它们在地球重力的作用下聚集在地球的周围，形成原始大气圈。这些气体中富含水、二氧化碳、一氧化碳、氨气、甲烷等。其中的水蒸气，不断受到太阳射线的作用，逐渐分解出氢和游离的氧。又经过一系列的复杂化学变化，这些气体中的氧元素多了起来。此外，在大气圈的上层，一些氧元素越积越多，逐渐形成了今天我们所说的臭氧层，保护着我们免受宇宙射线的强烈干扰。就这样，经过不断的演化，原始的气体变得越来越适宜生物生存，也就慢慢形成了现在的空气。

我们无时无刻不在呼吸，空气质量的好坏直接影响着人们的身体健康，所以保护大气免受污染是每个人应有的责任。

随着人口的增加，地球会变重吗

全球每年会生产大量的汽车、飞机、轮船，以及全球 70 多亿人口所需的粮食和货物等，人口也在不断地增长。有的小朋友会问，地球上的东西好像越来越多了，那么地球会不会变得越来越重呢？

想要弄清楚这个问题的答案，你得先了解关于物质循环的知识。在自然界中，物质循环是很常见的。很多小朋友都养过花草，种过小树，每当春天来的时候，它们就会长出新的叶子、开出新的花朵，而秋天到了的时候，花和叶就会凋谢、枯萎，最后落到地上，腐化进入泥土。周而复始，物质就这样一次次地随着时间循环着，不增也不减。同样的道理，现实生活中，生产所用的原料都来自地球，人们不过是利用科技把它们转变成便于人类

生产制造

消费和利用

回收再利用

▲ 物质的循环过程

使用的东西。所以整体来说，地球上的物质并没有减少或者增加，只是进入我们视野的物质变多了，给我们的感觉好像地球上的东西变多了似的。而说到人口的不断增加，其实也归属于物质循环的范围，你可以把人的生死同样理解为物质的转化。经过这样的解释，你应该能理解地球为什么不会变重了吧？

小贴士

讲到物质的循环，就不得不提垃圾的分类和管理。大家在生活中，应该分清楚哪些垃圾是可以回收利用的，而哪些垃圾是不能回收，只能掩埋或者烧尽的，只有做到正确地分类垃圾，才能更好地节省材料和能源。

地球是悬浮于宇宙中的吗

在天体博物馆里，你和全班的小朋友一起在老师的带领下参观了很多天体模型。在观察地球在太阳系中的模型时，你注意到地球是悬浮在空中的，你就想到了一个问题：在真实的宇宙环境中，地球就是这样悬浮的吗？

所谓"悬浮"，其实是一个概念。根据万有引力定律，物质具有质量，就形成引力，把其他物质吸向自己。我们生活在地球上，地球对每一个人都有朝向地心的吸引力，这样我们在形状类似圆球的地球上也不会掉下去。于是，我们才有了上下左右这样的概念。

实际上，宇宙本来就没有上下左右之分，它是一个自由的空间，如果不受到其他星体的吸引，地球是不会"特意"飞向哪里的。就像处在太阳系中，地球受着太阳的吸引力，不断围着它旋转。如果有一天，太阳系中闯入了一颗质量足够大的星体，那么地球所受的引力就会分散，到时候地球的旋转和移动方向就有可能出现变化。那时，从我们的角度来看，我们的星球可能就会出现"坠落"的情况，但也只是相对而言。

其实地球所处的宇宙环境还是相当稳定的，不太容易出现极端的宇宙现象，即便在未来太阳系可能会遭遇什么问题，但是凭借那时的科技力量，人类还是很可能会保全自己的。

太阳会不会在地球消失之前消失

就像人类有出生和死亡一样，在未来的某一天，地球也会走到生命的尽头。那么太阳既然叫作恒星，是不是就是永恒存在的呢？它会不会在地球消失之前就消失，使人类活在一片无尽的黑暗中呢？

对于地球和太阳的最终寿命，科学家们已经给出了较为令人信服的预测。他们通过对周围星系中恒星的观察，得出了恒星的一般演变过程规律。在他们看来，目前太阳正处于壮年走向晚年

▶ 白矮星

的阶段，大概在 50 亿年之后，太阳会变成红巨星的状态，热度降低，体积增大，吞噬掉距离它较近的水星和金星。至于那时的地球，可能有两种情况：一是太阳膨胀速度过快，地球同样被吞噬掉；二是地球在被吞噬之前就脱离了运行轨道，距离太阳越来越远。由于距离拉远，以及太阳本身热量的降低，地球的整体温度会变得极低，几乎会全部被冰封，不再适合人类居住。美国一些科学家通过一些复杂的计算推测，那时的冥王星可能会成为最适宜地球人生存的星球，人类很可能会整体迁移至冥王星。值得一提的是，到时候人类会看到天空中另外一颗硕大的星球，就是冥王星的卫星——科隆，它的体积是冥王星的一半。当冥王星运转到一定角度时，科隆甚至会占据半个天空。

到后期，太阳还会变成白矮星，热度进一步降低，密度极大，太阳系就不再会是人类的归宿，去外星系寻找更加合适的星球生存，是人类最终的选择。

地球会不会脱离太阳系飞向太空

几十亿年来，地球一直围绕着太阳运转，周而复始。有好奇的小朋友会问，地球会一直稳定运行在太阳系吗？会不会有一天，地球脱离轨道，像宇宙飞船那样飞向太空呢？

一般来说，地球会稳定运行在绕日的轨道上，因为太阳有着足够大的质量，保证其吸引地球的力量足够大。即使在个别极端的天文现象影响下，地球也不会轻易脱离太阳系，飞向太空。那么假设地球被足够大的行星击中呢，会脱离轨道吗？就像小朋友平时喜欢玩的弹珠，向前滚动着的弹珠被别的弹珠击中，就会改变运动的方向。把地球看作滚动的弹珠，撞击地球的行星看作另外一颗弹珠，地球被击中后会不会也像弹珠一样改变方向呢？

在太空里，地球的运行不能简单地看成弹珠的滚动，地球的受力比弹珠的受力复杂，并且受到撞击后的一连串反应也与弹珠之间的相互碰撞有本质区别。假设地球受到了行星的撞击，在较短的时间里，地球会偏离出轨道，甚至被击碎，其碎片会飞向太空，但是地球依然会受到太阳的吸引。地球如果没有被击碎，会在一定时间内恢复圆周运动；如果被击碎，其碎片也很有可能受到太阳的引力作用而重新归拢，继续绕着太阳运转。

地球处在十分稳定的宇宙环境中，太阳系发生骤变的可能性很低，地球还是会昼夜不停地围绕着太阳运转下去的。

地球会不会与其他星球相撞

小宋是在校四年级的小学生，非常喜欢观看科幻影片。科幻影片里的神奇场景常常让小宋惊叹不已。在某一部影片里，人类遭遇了巨大的挑战，因为在外星人的操控下，一颗巨大的星球即将与地球相撞。科学家们想尽了各种办法，最终派遣了一小支部队到达该星球，安装了核弹，在其撞上地球之前的一刹那炸毁了

▲ 陨石撞击地球后留下的陨石坑

它，人类才幸免于难。小宋看完影片后，觉得地球与其他星球相撞还是有一定可能性的，他及时地询问了在航天展馆工作的赵阿姨，赵阿姨亲切地给他解释了地球究竟会不会与其他星球相撞的问题。

在太阳系中地球并不孤单，它还有另外几个小伙伴，环绕太阳运行在地球的外围。在太阳系边界的地方，还有像绸带似的小行星带。别忘了，还有围绕地球运转的月球呢。在地球外围的这些天体，就像地球的屏障似的，如果有大型的陨石、小行星甚至星球闯进太阳系，就得先通过重重关卡才能到达地球。此外，在太阳巨大的引力作用下，地球遭受侵袭的概率非常小。这也就是地球能安然地存在于太阳系中长达数十亿年的原因。

地球本身的外层还有着厚厚的大气层，如果某一天真的有大型天体撞击地球，在摩擦作用下，大气层会消耗它的一部分能量，最终地球受到的伤害程度也会大大降低。

地球是很安全地运行在太阳系中的。当然，这还要感谢和地球一样围绕太阳运转的天体们，以及像卫士一样环绕地球的月球。

还有其他星球适合人类居住吗

由于人口总量的不断攀升，地球终究会有超负荷运转的那一天，寻找另外的适合人类居住的星球，是众多国家早就开始提上日程的计划之一。可能很多小朋友都畅想着有一天能够到其他星球游玩甚至定居，这一梦想可能会在近几十年内实现。科学家们已经发现了为数不少的宜居星球，目前只是还没有解决"交通"的问题，因为这些星球和地球的距离都至少有数百光年。

开普勒 -22b 是美国宇航局于 2011 年 12 月确认的首颗位于宜居带的系外行星。它围绕着一颗和太阳极其相似的恒星公转。美国宇航局推断，开普勒 -22b 行星适合人类居住。它的直径大约是地球的 2.4 倍，距离地球有 600 光年，人类如果使用当前最为先进的宇宙飞船，飞往开普勒 -22b 至少需要 2200 万年的时间。尽管它的直径比地球大不少，但是它的公转周期大概为 290 天，和地球相差不大。此外它所围绕的恒星与太阳也十分相似，也是一颗光谱型为 G 的黄矮星，这使得它的表面平均温度约为 21 摄氏度，非常适宜生物生存。

行星开普勒–452b

行星 51 PEG b

▲ 类地行星

此外，波多黎各的宜居星球实验室对 700 多个星球的类型以及它们各自所在的恒星系统进行了大量分析，发现其中至少有 47 个星球进入"第二个地球"的候选名单，只是还要进一步观察研究这些星球的形态以及大致环境，以确定是否适合人类移居。

地球成了"温室"是好事吗

空气中的二氧化碳能够挡住红外辐射，从而防止地表热量辐射到太空中。所以，如果空气中没有二氧化碳，地球表面年平均

▲ 洪涝

 干旱

气温至少要降低 20 摄氏度。而二氧化碳过多，地球就像盖上厚被子，由于空气与外界缺乏热交换而形成保温效果，大气变暖，变成"温室"。当然，"温室气体"不只是二氧化碳，二氧化碳约占 75%，氯氟代烷约占 15% ~ 20%，此外还有甲烷、一氧化氮等 30 多种气体。

通常，大气中 80% 的二氧化碳来自动、植物的呼吸，20% 来自燃料燃烧。在大气碳循环中，约 75% 的二氧化碳会被海洋、湖泊、河流等水域及降水所溶解，约 5% 的二氧化碳会通过植物光合作用，被转化为有机物质。但是数十年来，全球人口剧增，工业高速发展，所产生的二氧化碳排放量远远超过了之前的水平。同时全球地面水域却大量缩小，降水量减少，森林、植被被大量破坏，破坏了二氧化碳生成与转化的动态平衡。所以，大气中的二氧化碳含量逐年增加、累积，温室效应不断增强。

温室效应可导致海平面上升。全世界大约有三分之一的人生活在距离海岸线 60 千米内的陆地区域，海平面一旦升高，无情的海水会直接吞没这些地方。温室效应可加剧洪涝和干旱发生的频率。温室效应会破坏海洋环流，使得暴雨、连年大旱等极端天气经常出现。温室效应对生态系统的破坏也是非常明显的，二氧化碳含量的增多会使植物的光合作用增强，生长季节延长，一些植物因为不能适应这些变化而死亡。

第六章

月亮
会不会飘走

　　从小到大，我们听说了太多关于月球的传说和神话——"嫦娥奔月""玉兔捣药""吴刚伐桂"……于是每每皓月当空之际，我们总会怀着一种充满敬畏的"虔诚"来欣赏夜空那一轮明月。但随着登月计划的陆续实现，人们已经用自己的双手揭开了笼罩在月球身上的神秘面纱——那里没有月宫，没有嫦娥，没有捣药的玉兔，更没有吴刚！有的只是荒凉和沉寂。现在，就让我们一起去看看神话背后的真实月球吧！

月球到底离我们有多远

我们在地球上仰望夜空，月球总是高高地挂在深远的夜幕之上。这颗夜晚常见的星球，每晚东升西落，位置也随季节的变化而变化。我们对此早就习以为常，也就很少会去想：月球到底在哪里？

其实，月球作为地球唯一的天然卫星，它处在我们常人难以到达的远方。月球与地球之间的平均距离约为 384401 千米，相当于绕着地球的赤道走 9 圈半多。月球就在那么遥远的地方绕着地球旋转。它的轨迹也并不是正圆形，而更加接近椭圆形。我们把它的轨迹想象成一个平面，这便是月球的轨道平面。月球的轨道平面在天球 [1] 上截得的大圆，科学家们称它为"白道"。白道平面并不与地球赤道平面重合，它与地球轨道（黄道 [2]）的平均倾角为 5 度 9 分。月球在这个轨道上运行一周需要的时间，大概是 173 天。在这段时间里，月球距地球最近的时候，它们之间的距离是 363300 千米，最远的时候则达到 405500 千米。

这便是月球相对于地球的位置了。

1　天球：为了研究天体的位置和运动而引进的一个假想球，与地球同心，理论上具有无限大的半径。天空中所有天体都被想象成在天球上。

2　黄道：地球绕太阳公转的轨道平面与天球相交的大圆。

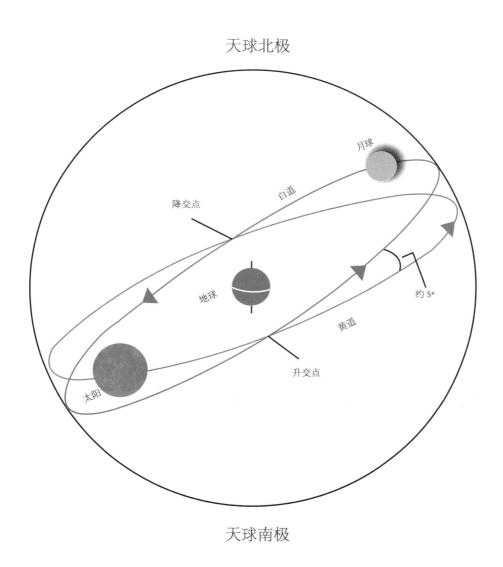

▲ 黄道、白道示意图

月球是怎么形成的

　　人类喜欢追根溯源，对于一切事物都希望知道它们是怎么来的。但是很遗憾，太多的问题都还是谜团。关于月球的来源，古人通过传说来解释。在中国古代的神话中，盘古大神开天辟地，左眼化作太阳，右眼化作月球。在西方的《圣经》中，上帝创造了两个光体，大的是管白天的太阳，小的是管黑夜的月球。

　　19世纪末以来，人类通过科学观察和推演，对月球的起源建

▼　月球起源的假说之———大碰撞分裂说

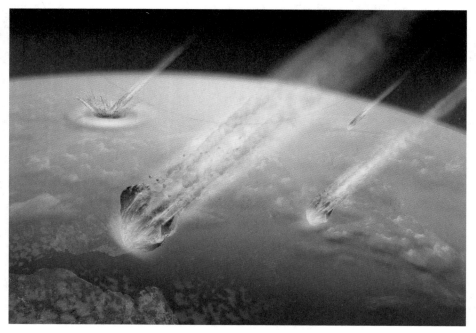

立了以下四种假说，分别是分裂说、俘获说、同源说和大碰撞说。

分裂说认为，月球本来是地球的一部分，后来地球的转速太快就把这部分甩了出去，变成了月球，而在地球上留下的大坑，就成了现在的太平洋。这是最早解释月球起源的一种假说。俘获说认为，月球是太阳系中的一颗小行星，因为运行到地球附近时，被地球的引力俘获，从而成了地球的卫星。一些科学家则认为月球的引力就像一个"大吸盘"的吸力，它不断地把进入自己引力场中的东西吸聚到一起并形成月球。同源说，顾名思义就是认为地球和月球同源同生，它们都曾是原始太阳系中星云的一部分，经过漫长岁月的旋转、吸积之后才变成了今日的模样。大碰撞说则认为，地球在形成初期曾遭受过一颗大小与火星相近的行星的猛烈撞击！撞击后的行星与地球完美融合，而地球的某部分则被巨大的冲击力抛射到了太空中，进入环绕地球的轨道中，在碰撞后的 100 年间形成了月球。

目前，大碰撞说是科学界现在最主流的月球诞生理论。但这种理论依旧不能解释许多问题。月球到底是怎样形成的，还有待我们去探索。

月球到底有多大

站在地球上，月球的大小看上去和太阳差不了太多。但它们实际的体积，相差却很惊人！如果把地球想象成一个足球，那么

▲　地球与月球

月球就是一个小皮球，而太阳则有房子那么大！它们之所以看上去差不多大，是因为太阳与地球之间的距离大约是月球到地球之间距离的 400 倍，而太阳的直径大约是月球直径的 400 倍。因为这样完美的巧合，所以在地球上看到的月球和太阳就差不多大了。

我们看到的月球，满月如银盘，新月如弯钩。实际上，从宇宙飞船上拍到的月球就是球形的。和地球一样，它也不是完美的正球体。根据科学家们的测算，月球直径约 3474.8 千米，大约是地球的 1/4。而月球的体积是 2.199×10^{10} 立方千米，大约是地球体积的 1/49。月球的表面积是地球的 1/14，大约 3800 万平方千米，粗略来算，相当于中国国土面积的 4 倍，但不到亚洲的面积那么大。

　　想想我们的地球，可以推算，月球绝不是我们看到的那么小。它也是个很大的星球呢！科学家们正在努力，希望把月球建成我们人类的第二家园，成为我们探索宇宙的太空基地。

月球是什么颜色的

　　在地球上看月球，多数时候它呈淡淡的黄色或银白色。这是由于月球反射的太阳光，经过大气层的吸收、反射、折射等作用，呈现出了淡黄色或银白色。

　　月全食时，如果用望远镜看月球，我们就会发现它呈现出美

▼　太空中的蓝色月亮

丽的橙红色。这是由于厚厚的大气层把紫、蓝、绿、黄光都吸收掉了，此时的月球只能接收穿透力强的红色光，所以我们在地球上就会看到一轮如血的红色月球。

1972 年 4 月，美国宇航员查尔斯·杜克和他的同伴们乘坐着"阿波罗 16 号"运载火箭飞往月球，他们在太空中看到的月球则是蓝色的。这是由于身处太空中看月球，不会受到地球大气层的影响。月球表面吸收了大部分光线，但反射或散射出波长较短的蓝色光线，因而月球看上去是蓝色的。这跟地球上的海水呈现蓝色有类似之处。

当杜克和他的同伴踏上月球，他们实际看到的月球并不五彩纷呈。据杜克描述，他见到的月球表面覆盖着一层厚厚的尘土，基本上呈现灰色，有些岩石是白色和黑色的。

月球的年龄有多大

月球作为我们最为亲近的星球，它仿佛一直挂在那里，亘古不变。但其实"亘古不变"在宇宙中是不存在的，我们的地球母亲也有自己的诞生和灭亡，那么月球的年龄又有多大呢？

美国"阿波罗号"飞船登月后带回了大量的月球岩石样本，而这些样本也成为许多科学家探索月球奥秘的第一手资料。德、英两国科学家经过对该批岩石中的钨 182 同位素的定量分析，得出了月球的年龄约为 45.27 亿年的结论，这也是迄今为止有关月

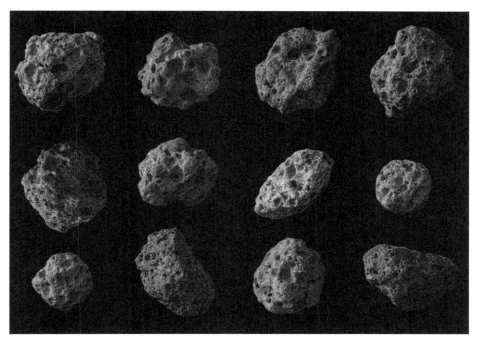

▲ 从月球上采集的岩石标本

球年龄的最精确数据。这个数据的确认在科学界具有深远的意义。首先，它从一个侧面证明了关于月球形成的主流理论——大碰撞理论；其次，大碰撞理论指出地球的年龄和月球相近，月球年龄的确定也可以间接地帮助我们了解地球的形成历史。

　　虽然德、英两国科学家在给出该数据的同时也给出了详细有力的证据，但是此结论却并未说服所有的科学家。2013 年，卡内基科学研究所的科学家经过细致的推算，认为月球的年龄应该是44.5 亿年左右，比之前的数据少了近 1 亿年，并且他们也给出了相应的可信服的证据。

　　关于月球的年龄，科学界还并没有一个所有人都认可的答案，但相信科学家的一次次努力论证，会让我们一步步靠近最后的真理。

月球上有风霜雨雪吗

　　风霜雨雪在地球上是最常见的天气现象，那么，月球上也有风霜雨雪吗？

　　对于这个问题的答案，我们可以通过了解这些天气现象形成的原因进行推断。简单地说，风是太阳辐射引起空气流动而产生的，而雨、雪和霜都属于降水现象。地球上的水蒸发之后变成水蒸气，水蒸气上升到高空之后遇冷变成小水滴，降落下来就形成了雨；如果高空的温度很低，水蒸气遇冷变成小冰晶，落下来就形成了雪；如果水蒸气到了低空才遇冷变成小冰晶，降落下来就形成了霜。由此可见，风的形成必须得有空气的流动；而雨、雪和霜的形成离不开大量液态水的蒸发和大气层。我们知道，月球上几乎没有空气，也几乎找不到液态水，而且月球的大气层极度稀薄，到了可以忽略不计的地步。因此可以推断，月球上无法形成风霜雨雪。

　　不难想象，1969 年 7 月 16 日，三名美国宇航员尼尔·阿姆斯特朗、埃德温·奥尔德林和迈克尔·科林斯，搭乘"阿波罗11号"宇宙飞船第一次踏上月球时，一定没有遇到风霜雨雪的袭击。

▲　在月球上行走的宇航员

月球上到底有没有水

　　1961 年到 1972 年，美国执行了"阿波罗"登月计划，进行了一系列载人登月飞行任务。科学家们因此从月球上采集了大量的月球岩石标本。这些岩石标本异常干燥，似乎毫无疑问地说明了月球上没有水。

▼　月球表面的环形山

水是生命之源。如果没有水，地球上的生命也难以为继。20世纪90年代初，科学家抱着试一试的态度用雷达探测了水星表面，却意外接收到了两极永久阴影区的回波，而该回波只有当地表出现厚重冰层时才会出现！这给科学家们极大的鼓舞，期待在月球上能找到水的踪迹。用同样的方法一试，科学家们也从月球两极的阴影地区得到了类似的回波。为了进一步证明月球上存在水的可能性，2009年，美国宇航局（NASA）执行了一项LCROSS计划。这一年的10月9日，"月球环形山观测和传感卫星"LCROSS非常悲壮地撞向了月球南极永久阴影区的凯布斯环形山。这次撞击扬起了大量的尘埃和碎片，科学家们从中检测到了水冰存在的证据。

美国宇航局的科学家们相信在极度严寒的月球永久阴影区很可能保存了不少的固态水。尽管这些水只能让月球比最干燥的沙漠稍微潮湿一点，但对于人类未来的各项月球探索计划来说，水的存在有不同寻常的意义。

月球上有日出日落吗

和地球一样，月球也在不停地自西向东自转，由此在太阳光照射到的地方形成白昼，在阳光照射不到的其他地方形成黑夜。在白天与黑夜交替的黎明和黄昏时分，就可以看到太阳东升西落的情景，这便是月球上的日出日落了。

▲ 从月球看日出

　　不过，那些有幸登上月球的宇航员发现，由于月球上几乎没有大气，这里日出和日落的景象与在地球上看到的大不相同。据记载，从月球看到的日出是这样的情景：太阳刚刚露出一角，月球上的黑暗就一扫而空，光明瞬间降临。从太阳露出到整个升起持续1个小时左右，这个过程中，月球表面越来越亮，随着光照强度的持续增加，温度也持续上升。由于月球上没有云朵，所以不会有地球上那般灿烂的朝霞。到了日落时分，太阳一旦整个落下，月球就会立即笼罩在一片无边的黑暗之中，当然，也没有瑰丽的晚霞。月球表面的温度会持续下降，这时寒冷黑暗的月球之夜就开始了。

相比于月球，我们地球上的日出日落要"从容"得多。由于大气对阳光的折射，太阳尚未升起，天空就会渐渐变亮，让地球万物可以从黑暗中渐渐适应光亮。而到了傍晚，太阳整个落下之后，天空依旧有亮光，随着时间的推移才慢慢暗淡下去，直至黑暗全部降临，让地球万物逐渐适应黑夜。整个日出日落的过程都伴有美丽的彩霞，温度和光照的变化都非常温和。仅从这一点看，地球就是我们的天堂，每一个细节都为生命能够在此生存而精心"设计"。

月球是空心球吗

"月球是一个实心球！"

你肯定毫不犹豫地就给出了回答，但事实却并没有那么确凿。1969 年，美国的"阿波罗 11 号"载人飞船在完成探月任务准备重返地球时发生意外——登月舱突然失控，并一头撞到了月球上！这本身对登月计划的顺利进行并没有太大影响，但细心的宇航员们还是发现了异样，距离撞击点 72 千米处的月震仪传回数据，这次撞击的震波居然持续了 15 分钟之久！要知道，如果月球是实心的话，按照推算，震波持续时间最多不超过 5 分钟。如此巨大的差距让宇航员们非常不解。之后，同年的 11 月 2 日，"阿波罗 12 号"登月时携带了科学家"量身定制"的实验设备，他们意图解开震波时间超长的奥秘：超高灵敏度的月震仪被提前

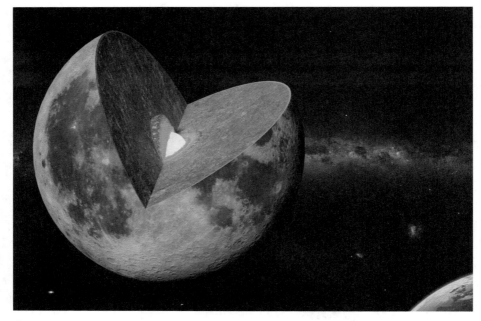
▲ 月球内部构造

放置在月球表面，升空后宇航员释放登月舱，使之狠狠地撞向月球，结果让科学家们惊呆了——此次的震波竟然持续了几乎 1 个小时之久！该实验几乎可以证明月球一定不是实心球，甚至它可能真的就是空心的！

但科学家并没有轻易地下结论，如此重大的发现使得他们不得不深入研究，因此月球是否空心至今都没有定论。月球表面也有很多谜团，比如那些超大含量的金属钛、锆、铱等都已和岩石混为一体，但这却是至少 4500 摄氏度的高温才能发生的……

来自月球的铁为何不生锈

　　你见过不生锈的铁吗？不要说不锈钢！因为大家都知道，不锈钢虽然相对来说耐腐蚀、耐氧化，但长时间日晒雨淋之后还是会变得锈迹斑斑。其实地球上根本就没有不生锈的钢，但是月球上有！

　　月球表面土壤中含有纯铁颗粒，在各国的登月活动中大量地被带了回来，而就在科学家准备更加深入地对它们进行研究时，却发现这些铁颗粒居然不会生锈！并且在长达 7 年的侵蚀中一点锈迹都不沾！这个发现令科学家们激动不已。

　　众所周知，地球上钢铁的腐蚀问题一直都是令所有人十分头疼的问题，并且至今都未能找到完美的解决办法。而月球铁颗

粒的这个特质让科学家们的心中燃起了希望，在大量的研究之后，不生锈的原因很快便明确了——原来，月球表面缺少大气层的保护，于是太阳风日复一日地冲刷月球表面，月表的铁颗粒自然也"难逃毒手"。铁颗粒表面的氧原子被一个接一个地"冲刷"殆尽，而铁非但没有因此变得脆弱，反而得到了超强的抗氧化性能，而这也就是它们在地球上"安然无恙"地存在7年却不生锈的原因所在。

目前科学家正在着手"钢铁新计划"，准备模拟太阳风去冲击钢铁表面，带走氧原子以使其获得抗锈性能。如果该计划成功的话，钢铁材料无疑将迈入一个新纪元！

月球背面是什么样的

通过前面的介绍我们已经知道，由于月球的自转周期和公转周期相同，所以在地球上的我们永远都只能观察到月球的一面，也就是所谓的"正面"。一直以来，有关月球背面的猜测从来都没有停止过，那么月球背面究竟是什么样的？有没有外星人基地呢？

1959年，第一张月球背面的照片被苏联的"月球3号"送回地球，于是人类才得以第一次看到大多数人一辈子都不可能亲眼看到的场景——同样的荒凉，只不过天文爱好者所熟识的月海在这里几乎不见踪迹。

▲ 月球背面

　　美国"阿波罗计划"曾经进行得如火如荼，但直至"阿波罗17号"归来，科学家也未曾再次发布与月球背面有关的消息。我们只能依据近年来不断解封的或真或假的档案来了解——那里貌似有一个心形坑，貌似有跑道……这些档案听来怎么都像是阴谋论者编造出来的？但"阿波罗计划"的无疾而终，之后的美苏两国默契地长达30年不再进行载人登月活动；多达25位登月的宇航员对那里的惊悚描述，所有这些都似乎预示着那里真的发生了点什么……

　　让我们一起期待它大白于天下的那天吧！

月食是怎么回事

　　月食是少数不借助仪器就可直接欣赏的天文景观之一，但大多数人对它却并不是很了解，甚至还和"月有阴晴圆缺"混淆，那可就闹笑话了！

　　在天文学尚属萌芽阶段的时候，月食对人们来说可是十分神秘的存在。在中国古代，人们便认为月食是"天狗在吃月亮"。为了保卫月亮，每逢月食，所有人都会敲锣打鼓地上街，意欲吓跑"天狗"，几个时辰之后月食结束，一场轰轰烈烈的"月亮保卫战"才宣告结束，此举延续了数百年之久……并不是只有东方人敬畏月亮，16世纪初，哥伦布的环球航行在牙买加地区遇到了麻烦，他们和当地土著发生了十分激烈的冲突，哥伦布和他的手下被围困在一个角落，危在旦夕！危急之时，哥伦布就是利用了月食来吓退土著：精通天文学的他知道当晚要发生月食，于是恐吓土著们要"拿走他们的月光"。土著们起初并不上心，但当月食出现、天地一片黑暗时，土著们害怕了，以为哥伦布是神明的化身。于是，"神"一样的哥伦布脱离了险境。

　　其实我们常说的"阴晴圆缺"和月食并不是一回事，前者指的是一个月内月亮的月相变化，从"朔"到"上弦月"到"望"，再到"下弦月"为一个循环，它的变化较月食来说较为缓慢。月食是一种特殊却并不罕见的天文现象，在月球运行到地球背面的

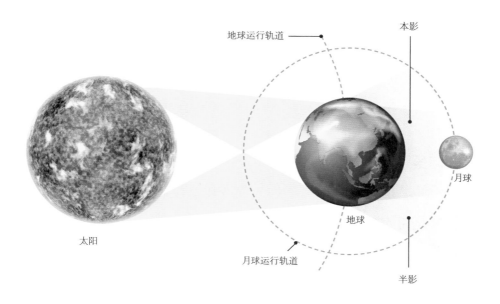

地球运行轨道　本影

月球

地球

月球运行轨道

半影

太阳

▲　月食形成示意图

时候，地球会挡住一部分照向月球的太阳光，于是地球背面的人便会看到圆圆的月球突然少了一块，甚至完全没有了！但是一段时间之后（一般为几个小时），月亮就会"圆润如初"了，月食也就结束了。

小贴士

　　每年最多只会发生三次月食，有的年份甚至可能一次都没有。

月球会影响地球上的天气吗

太阳给了生命赖以生存的基本条件，地球上天气的变化也与它息息相关。那月球对地球上的天气变化有没有影响呢？

答案是肯定的，而且还不小哦！

我们知道，地球上之所以有四季，四季之所以有相对较为平稳的温度变化，月球功不可没。地球的自转速度越快，每年的温差越大，冬季越冷，夏天越热，甚至连两极的冰川都要每年融化一次，地球形成初期就是这样的。是月球改变了这一点——月球是距离地球最近的天体，相对来说它对地球的引力也最为突出；正是这难得的引力使得地球上有了每天固定的潮汐变化，而体积巨大的海水潮汐不断变化就像是为地球的自转安装了一个大型的"刹车片"；漫长的岁月过去了，"刹车片"日复一日的工作终于使得地球的自转达到了一个相对较为合适的速度，于是有了四季，有了四季周期性的温度变化。目前这种"刹车作用"还在继续，而相应地，月球也在缓慢地远离地球……

除了对季节的影响，月球也对地球上每月的天气变化贡献了一份力量。在太阳和月球的共同作用之下，农历每月的初十到二十五之间温度普遍较高，降水较为充沛；而二十六到次月初九之间则气温较低，降水较少……

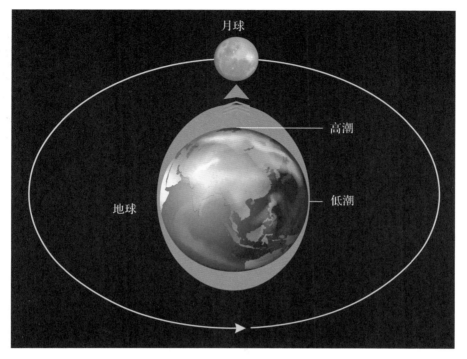

▲ 月球引力是地球产生潮汐的原因

月球会影响地球上万物繁衍吗

　　月球能减缓地球的自转速度，能引发地球上的潮汐，能形成地球上的四季……那它会不会影响地球上的万物繁衍呢？答案是肯定的！

　　首先是对人的影响，我们知道人体的 80% 都是水分，而精神病学家认为月球在引起地球上潮汐变化的同时也会影响人体身上的"生物潮"，其表现就是满月之时人会特别容易激动，而朔

▲ 满月

日则要显得冷静得多，而这就导致那些精神病人通常会在满月之日病情发作。其次是对其他动物的影响，加利福尼亚滑银汉鱼算是受月球影响较大的动物之一。在每年的 3 ~ 7 月，每个朔日和满月夜晚，滑银汉鱼都会成群结队地随潮水涌上沙滩进行交配，并把受精卵留在沙滩上，以避免天敌的捕杀。半个月之后，小滑银汉鱼出生，而此时又恰逢大潮，于是小家伙们便又搭着"顺风车"返回到大海之后继续生长……最后是月球对植物的影响，科学家经过研究得出了惊人的结论——包括玉米、向日葵等在内的诸多植物在月光下生长情况会格外良好，而胡萝卜、茄子、南瓜等植物则分别适合在上弦月、新月和满月时播种，也就是说，月球与植物的生长也有着千丝万缕的联系。

月球为什么不会飘走

月球是地球唯一的天然卫星，亿万年来它都兢兢业业地沿着椭圆形的轨道绕地球公转，很多人不禁要问：为什么月球没有飘走呢？

我们的世界是一个平衡的世界，而月球之所以能长久地和地球保持着这"若即若离"的状态，也同样是受到了平衡力的作用。首先月球受到了万有引力的作用，而万有引力与作用双方的质量成正比、与作用距离的平方成反比，所以总体看来月球所受的万有引力主要来自地球，而这个力的作用效果就像是一条绳子一样把月球拉到地球身边。那么为什么没有出现这种情况呢？这就不得不说到另一个平衡引力的力——离心力，离心力是惯性的一种表现形式，比如我们用绳子拴着一个小球转圈，手会感觉到有一个力在向外拉，这个力就是离心力。离心力的大小与做离心运动的物体的质量及其运动速度的平方成正比，与离心运动半径成反比。于是大体来说，月球便受到了一个背离地球的离心力和朝向地球的万有引力，而亿万年的"调整"也使得二者

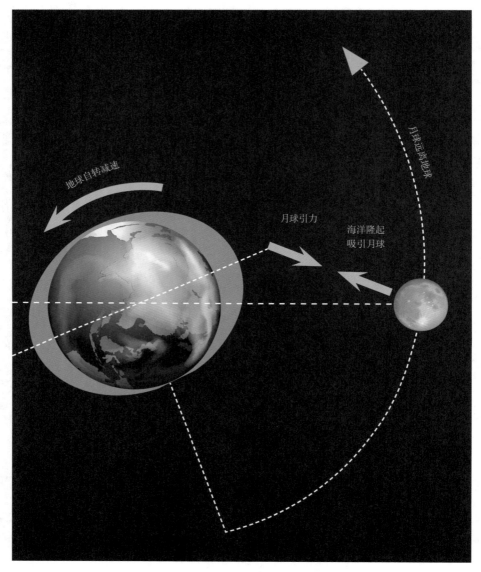

▲ 地球对月球的引力与月球的离心力大致相等，从而保证月球对地球"不离不弃"

达到了今日的平衡，受到平衡力作用的月球自然也就"稳稳"地挂在天空了。

但在潮汐力等一系列复杂力的作用下，月球现如今正以每年 3.8 厘米的速度远离地球，也就是说终有一天月球会离开我们，但那将会是很久之后的事情。

月球如果离地球近一点会怎样

"超级月亮"的每次出现都会引起一阵轰动，更大、更亮、更圆的月亮总是令人们兴奋不已。然而要实现这个目的只需要月球离我们近一点就可以了。如果那种情况真的出现的话，会发生什么呢？

让我们来大胆设想一下吧！假如未来的某天，我们亲爱的月球因某种原因突然靠近了地球……

首先，月球靠近之后会引起地月之间万有引力的急剧增大，依据力的平衡原理，用来平衡万有引力的离心力也需要增大，而要实现这一目标唯一的方法就是月球公转的速度加快。相应地，月球绕地球公转的周期就会缩短，也就是说我们农历的每个月的时间将会大大缩短。

如果你认为这点无所谓的话，那接着还有：月球靠近地球之后，潮汐力也会"水涨船高"，沿海的人们每日必见的潮汐会来势更加凶猛，甚至泛滥成灾！我们知道潮汐作用是月球安置

▲ 意大利科西嘉岛的满月

在地球上的"刹车片"，如果潮汐力突然增大的话，就相当于使劲踩下了刹车，那么地球自转的速度就会迅速降下来，我们每天的时间相应地会变长。而如果任由这种情况发展下去的话，会严重影响地球上的气候，万物生灵可能就会迎来新一轮的"大洗牌"……

这还是乐观的说法，悲观地说，如果月球因某种原因脱离轨道突然靠近地球，挣脱了亿万年来形成的平衡束缚之后，它甚至可能会一头扎向地球……你还希望有朝一日看到比"超级月亮"更大、更亮、更圆的月球吗？

谁是第一个到达月球的人

皓月当空之际，很多人都曾满怀憧憬地遥望月球，心想，自己今生今世如果能到月面上走一遭也不枉此生了！理想总是很美的，听完第一个登月人的惊险遭遇或许你就不那么憧憬了。

1969 年 7 月 16 日 9 时 32 分，美国"阿波罗 11 号"飞船载着 3 名顶级的宇航员在人们的目送中第一次把航程的目的地定在了月球，那是一个有望改写人类历史的时刻！

7 月 19 日，登月飞船顺利到达了环月轨道，并成功定位了预先选好的着陆点，之后宇航员阿姆斯特朗和奥尔德林在众人的祝福中驾驶着"鹰号"登月器打算缓慢降落，就在此时，意外发生了！登月器上的计算机显示过载警告，他们居然在弹落过程中多飞行了 4 秒，也就是说，按当时的速度来讲他们偏离了原定着陆点若干千米远！在月球，每一点燃料的浪费都是在燃烧宇航员的生命！千钧一发之际，指挥长贝尔斯权衡之后选择相信他们，计划照旧！阿姆斯特朗解除了自动驾驶，并冷静地用手动装置硬生生地成功着陆！

"鹰号"成功着陆！这句来自月球的汇报瞬间让电视机前的 6 亿观众宽心不少，之后阿姆斯特朗在众人的目光中第一次走出舱门，并说了那句后来脍炙人口的名言——"这是我个人的一小步，却是全人类的一大步"。

▲ 乘坐"阿波罗 11 号"登上月球的 3 位宇航员

"阿波罗 11 号"登月成功，其中惊险瞬间还有很多，所幸他们都扛了下来！

第一个到达月球的人造物体是什么

你知道第一个到达月球的人造物体是什么样的吗？

1959 年，重达 361.3 千克的"月球一号"在苏联成功发射升空，其意图是登陆月球，这是人类历史上第一次人造物体近距离造访月球。但不幸的是，这个人类派往月球的第一位"使者"

却"出师未捷身先死"——它从月球表面 7500 千米的地方划过，登月失败！但苏联的科学家并未气馁，同年的 9 月 12 日，重达 390.2 千克的"月球二号"探测器再次呼啸着冲向太空，并且以 3.3 千米 / 秒的速度成功地撞向月球实现硬着陆，这是人类历史上第一次把人造物送往其他星球！虽然"月球二号"的无线电装置在撞击中彻底损坏，但它还是把月球表面的辐射、磁场状况发到了地球……全世界为苏联的壮举欢呼鼓舞，同年的 10 月 4 日，"月球三号"也乘着"月球二号"成功的东风冲向月球。有了前两次的宝贵经验，此次发射无疑就稳当得多，"月球三号"于 10 月 7 日抵达月球背面，并且成功地拍下了史上月球背面的第一张照片……

苏联的成功无疑对全世界都是一种强烈的冲击，曾经遥不可及的梦想在此刻却变得触手可及！美国随即也启动了"阿波罗计划"，探月计划也随着美苏争霸的步伐正式进入了长达几十年的黄金期。

人类如何利用月球上的矿产

月球上矿产资源丰富，其铁矿、稀土元素和氦 -3 等矿产的数量都已经达到了令所有国家梦寐以求的地步。但是，面对远在"天边"的宝藏，我们究竟应该如何利用呢？

目前，月球上的矿产总量依旧没有探测清楚，但已探明的矿产就十分惊人了——据保守估计，月球表面 5 厘米厚的月壤中含铁量就已达到上亿吨！而月球表面这种富含铁的岩层平均厚度达到了 10 米多，也就是说如果有一天我们能在月球上大规模开采的话，那里至少有 200 亿吨的高质量铁在等着我们！这还不是全部，月球表面的土壤中还富含硅元素，科学家已经研究出了一套行之有效的办法来用它们制造水泥和玻璃。月球表面的氦 -3 也是被科学家寄予厚望的未来能源，这种高效、清洁、安全的能源已探明的储量就已足够地球上的人们至少用上 10000 年。

▼　月球表面布满含铁的矿石和土壤

开采月球上的矿产，前景是十分诱人的，但随之而来的困难也着实不小。要在月球上大规模开采，那就必须建立永久性的基地。但即使是今天最先进的技术也没有能力做到这一点，问题有很多，空气、水、食物等生活必需品都需要从38万千米之外的地球空运，而超强的宇宙射线和太阳风暴都可能随时摧毁脆弱的采矿工人。此外，太空中不断飞过的小天体也不得不防，月球表面那细如面粉的月尘也有可能让机器随时罢工……

这也是为什么所有人都知道登月采矿回报优厚却迟迟没有动手的原因——要面对的难题太多了！但科技一直在进步，而地球上矿物和能源的枯竭也会加快人们登月的进程，相信我们会等到那一天的！

我们以后能生活在月球上吗

月球，曾是那么的遥不可及，移居月球成为一个奢望。但当1969年美国的"阿波罗11号"载着宇航员成功登陆月球之后，那遥不可及的梦想再次浮现到了人们心头。未来的人类有可能移民月球吗？

人口爆满、资源枯竭、环境污染、灾难频发……地球终于开始在人类不负责任地索取之后不堪重负，于是一个十分严峻的问题摆在了人们面前——在未来的某一天，地球可能真的会崩溃，那时我们要去往哪里？这不是危言耸听，科学家们比我们更

▲ 如果人类移居月球……

清楚这一点，而他们也早已开始着手准备人类 B 计划！移民月球无疑是一个较为不错的想法，但成功登陆月球并在随身携带装备的保护下存活几天跟大规模移民是完全不同的两个概念，后者面临的难题不胜枚举——首先是水。科学家虽然在月球两极地区发现了固态水，但这些水对于移民的需求来说是远远不够的。虽然月壤中富含的氧元素可能会派上用场，但前提是我们能在那里建立现代化的工业厂区；其次是食物。科学家早已在太空中做过植物培育实验，证明包括大麦、小麦等 100 种植物可以适应太空中的失重环境，而美国也曾计划在 2015 年派遣太空船到月表"种菜"，此项计划如果成功，无疑将会使人们对移民计划更有信心；接下来是能源，月球表面丰富的太阳能可以为我们提供足够的能量……

　　虽然各国科学家都在积极地做尝试和准备工作，但月表强烈的宇宙辐射、温度等一系列问题都依旧没有有效的解决方案。因而移民月球的设想还远非指日可待。不过事在人为，说不定真的有那一天哦！

第七章

天上
真有星座吗

很久以前，人类的祖先就注意到，一到夜晚，天空中就会出现许多闪烁的星星，将夜空装点得璀璨夺目。人们逐渐学会观察星星的方法。后来，人们发现星星的位置和排列是有规律的，而且星星的位置能够帮助人们指引方向。于是，各个不同的人类文明纷纷按照自己的方式给星星分组，还用自己熟悉的动物和神话故事中的人物给它们命名。在人们的眼中，天空中就出现了各种美丽的图形，神秘的夜空也成了上演神话故事的剧场。这些星星的分组就是现代天文学中星座的雏形。

星星为什么会闪烁

晴朗的夜空中，我们时常可以看见天空中的星星在一闪一闪地眨着眼睛，这种情况是怎样产生的呢？

其实星星本身并没有在闪烁，从我们的角度看上去它们似乎在闪烁是因为当我们看星星时，光线要通过地球上空大气层的缘故。当星星的光线到达地球时，光线要经过冷热不均衡的大气层，不同的大气层对光线散射的程度不一样。而人类能看到的只是众多恒星中的一小部分，大部分恒星是无法看到的。大气层的

▼ 光通过大气层发生散射

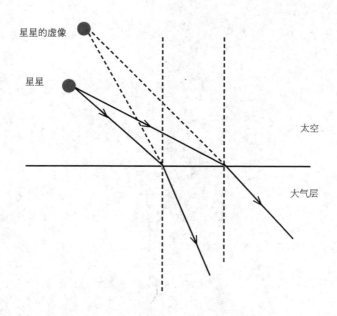

温度变化会影响光线的前进路线，当光进入大气层时，光线发生散射，一般会发生方向改变，而方向改变的幅度大小与温度的高低有关。暖空气使光的方向改变的幅度相对较小，这是因为暖空气中的各分子之间距离相对比较远，造成相对较少的散射。而冷空气恰好相反，它对光的方向的改变幅度影响很大。

由于大多数天体离地球距离较远，当光线进入大气层时，在不同温度的空气中会有不同的散射程度。若光线偏离程度较大，星星在我们的眼中便好像消失了。而当光线偏离程度较小，就会刚好进入我们的眼睛，我们就又能看见星星了，因此我们就感觉星星在闪烁。而太阳及月亮发出的可以到达地球表面的光线有很多，在通过大气层时即使部分光线散射程度大，却依然有很多光线能进入人眼，所以太阳和月亮看起来没有闪烁。

天上的星星为什么有明暗的区别呢

在晴朗的夜晚，当我们观察天上的星星时会发现这样一个现象：夜空中的星星有的非常明亮，有的却很暗淡。我们一般认为，体积较大的星星比较亮，而体积较小的星星则比较暗。但我们看到的是太阳和月亮最亮，那么太阳和月亮就是最大的吗？科学家证明这是不对的。那么天上的星星为什么有明暗的区别呢？

其实，星星的明暗与星星本身、它距离地球的远近均有关系，星星发光能力的大小是影响星星明暗的直接因素，而星星和

▲ 明暗不定的星空

人们距离的远近则是间接因素。发光能力强的星星在距离地球较近时，人们就会感觉它亮度大。若星星距离地球十分远的话，即使它的发光能力相当强，那么在我们的眼中也会变得暗淡无光了。

那么，你知道星星距离地球究竟有多远吗？以太阳为例，太阳是距离地球最近的恒星，它与地球的距离是14960万千米。而宇宙中其他的恒星与地球之间的距离只能用"光年"来表示了。1光年有多远呢？想象一下，光在1年所走的路程大约是94600亿千米，这就是1光年的距离。已知的距离太阳系最近的恒星比邻星和地球的距离约是4.22光年。

光从比邻星到达地球需要约4.22光年——简直令人震惊！宇宙之大，令人顿生渺小之感。

什么是星座

　　晴朗的夜晚，人们仰望天空，能够看到满天的繁星，幸运的话还能看到银河。人类很早就学会了观察星空，把星星用看不见的线连起来，想象成各种图案，编成各种神话传说。这些图案就被称为星座。所以，星座最初是属于占星术的内容，是民俗文化的组成部分。后来，天文学发展起来，为了便于研究，需要给星星分组，而每个星座其实就是人们对星星最初的分组。

　　天文学家们把那些"不动"的星星叫作恒星。宇宙中的每一

▼ 星座图

颗恒星相对于地球的距离都是不一样的。为了便于确定星星在天空中的位置，科学家把地球想象成球心，把整个外太空虚拟成一个大圆球，然后给这个大圆球取了个非常好听的名字——"天球"。于是，不管恒星离地球有多远，每一颗恒星都会在天球上有一个影子。这样众多恒星就像位于同一个球面上一样。而当我们用线条把一些挨得比较近的恒星的影子连接起来的时候，天空中就出现了许多美丽的图形，就和我们在美术课堂上画过的那些图画一样。这些恒星投影连接所形成的图形就是星座。

晚上，我们抬头望向天空，想象着用笔把看到的星星一个个地连起来，连着连着也许你就能有新的发现哦。

现代星座是否起源于古代中国的星官

中国作为文明古国，有着深厚的历史积淀，那么星座真的起源于这片神州大地吗？我们的祖先就是这神奇的现代星座最初的发明者吗？

在中国古代，人们为了认识星辰和观测天象，把观测到的恒星分组，每组赋予一个名称。这样的恒星组合被称为星官。这和现在说的星座似乎有些类似呢。而这些星官中，最重要的就要算二十八宿了。二十八宿非常详细地把天上的星座分成了二十八组。古人利用动物和神话传说分别对二十八宿进行了命名，同时也根据方位将它们划分成了四个区域，这四个区域就被

▲　曾侯乙墓二十八宿星图衣箱

称为"四象"。

　　四象分布于黄道和白道（月亮运行的轨迹在天球的投影）近旁，环天一周。它们是：东方苍龙之象，含角、亢、氐、房、心、尾、箕七宿；南方朱雀之象，含井、鬼、柳、星、张、翼、轸七宿；西方白虎之象，含奎、娄、胃、昴、毕、觜、参七宿；北方玄武之象，含斗、牛、女、虚、危、室、壁七宿。古代的人们在一年之中最看重的时间点有 4 个：春分、夏至、秋分、冬至。这四个象就曾在历史上的某一些时期，充当过这四个时间点的标准星象。1978 年，中国考古学家在战国时期的古墓中发现了一个衣箱，在这个衣箱上绘制着一幅星图，这是我国和世界上现存最早的具有二十八宿名称的星图。

但是，人们现在所说的星座并不是指这二十八宿。天蝎、室女、宝瓶等，并不是这带有远古霸气的玄武、朱雀。要知道，中国古代划分星空的方法独树一帜，有着自己独特的风格和文化内涵，与现在人们所说的星座的概念是有明显区别的。

现代意义上的星座虽然和中国古代的星象学有一定的联系，但明显不是同出一宗。现代星座源自西方文明，猜一猜，是哪个文明呢？

现代星座起源于古代西方吗

在许许多多关于星座的起源地的传说中，最令人信服的，就要算西方起源论了。古巴比伦文明虽然早就消失了，梦幻的空中花园也随之消失在历史的长河中，但谁都不能否认古巴比伦人曾经拥有的超凡智慧。为了更好地掌握季节变化，以配合畜牧和农业耕种，古巴比伦人注意到天上星星的排列会随着季节的变化而发生规律性的转变。于是他们将天空分为许多区域，并命名为"星座"。

到公元前 1000 年，已经有 30 个星座为人们所认识。并且随着历史的推进，古巴比伦文化传到古希腊。古希腊天文学家认可古巴比伦的星座，并进行了补充，使其体系更完善，编制出了完整的古希腊星座表。到了公元 2 世纪，一位伟大的古希腊天文学家——托勒密综合了当时的天文成就，编制出了 48 个星座，用

▲ 巴比伦世界地图

假想的线条将星座内的主要亮星连接起来，根据线与星连接而成的形状，想象并设计了有趣的形象，既有动物形象，也有人物形象，同时还结合了大量古希腊神话故事来给它们起适当的名字。这些美丽而充满神话色彩的星座名称在人类漫长的历史进程中一直被使用着。直至 1922 年，国际天文学大会在托勒密星座的基础上把天空分为 88 个正式的星座，从此统一了世界天文学界对星座的定义。

根据这个说法，现代星座正是起源于古巴比伦国；托勒密编制并命名了 48 个星座，成为现代星座的原型；直至 1922 年最终确定了 88 个正式的星座。

为什么说托勒密既是天文学家，又是占星家

托勒密的全名是克罗狄斯·托勒密，是天文学家、地理学家、占星家和光学家。

公元 1 世纪，托勒密出生在罗马帝国统治下的埃及。他的父母都是希腊人，他的著作也都是用希腊文写成的。由于托勒密所处的时代是古希腊文明扩散和延续的时期，所以他也是归属于古希腊文明的学者。

托勒密在著名的亚历山大城待了很长时间，在那里学习科学知识，进行科学研究。通过学习和研究，托勒密掌握了大量科学

▲　托勒密 48 星图（局部）

知识，写出了许多科学著作。《天文学大成》就是他最为重要的
著作之一，是唯一保存至今的全面论述古代天文学的著作。含有
48 个星座的星表就来自于这部著作。不过，这部著作中的许多内
容，并不是托勒密原创的，而是古希腊天文学家喜帕恰斯的研究
成果。

　　在科学发展的初期，科学和迷信间的界线并不是很清楚，常
常是混在一起的。由于在观测时没有精良的仪器，计算时也没有

精妙的数学工具，古人对星星的认识常常是观察结果和迷信、传说的结合。在这一背景下，占星术也就应运而生了。占星术，又称星象学，是用天体的相对位置和相对运动（尤其是太阳系内的行星的位置）来解释或预言人的命运和行为的系统，是古代人类在没有掌握足够的科学知识的情况下，对自然和人类的解释。在古代，观测星空所得到的数据，不仅作为科学知识被记录下来，也成了占星家们占卜的依据。研究星星的天文学家，常常也是占星家。托勒密就是其中的一员。

所以，托勒密既是天文学家，又是占星家。

恒星都有自己的名字吗

国际天文学联合会（IAU）是国际上认可的唯一能为恒星和各类天体分配与指定名称的机构。在 IAU 成立之前，许多恒星已经有了自己的名字，但是多数的恒星在被提到时还是没有名字，只能用星表中的编号来称呼。

在西方，大多数肉眼可见明亮的恒星都有传统的名称，有许多源自阿拉伯语，但也有少数源自拉丁文的。但是一直流传下来的只是几颗特别亮的恒星的名字，其余明亮的星主要采用拜耳命名法的名称。

拜耳命名法，又称巴耶命名法，是德国天文学家约翰·拜耳（Johann Bayer）在 17 世纪初创立的。根据这种命名法的规则，一颗恒星的名字由两部分组成：一部分是恒星所处的星座，另一部分是一个希腊字母。例如猎户座 α、狮子座 β、天蝎座 γ。原则上一个星座之中最亮的那一颗星就会被称为 α，第二亮的就会是 β，接着就是 γ、δ……按希腊字母表的顺序命名，以此类推。但是由于 17 世纪初的观测条件很有限，精度不够，不能准确测定恒星的亮度，所以实际上在很多星座中，α 星未必就是最亮的那一颗星。不仅亮度次序错误时有发生，甚至有些星所处的星座跟其名字所显示的并不符合。虽然如此，这些名字还是有一定用处的，所以至今它们仍被广泛使用。有些星共同拥有一个拜耳名称，如一些双星、聚星，这时就会在名称中的字母右上方加上一个数字去区分它们，比如白羊座 γ1 和白羊座 γ2。

▼ 银河两岸的牛郎星与织女星

织女星

银河

牛郎星

在中国，许多著名的亮星早已为人们所熟悉，它们有自己独特的中文名称。例如织女星、牛郎星，它们的名字就来自牛郎织女的传说。天蝎座 α，又称心宿二，它还有一个名字叫作"大火星"。这一传神的名称来自《诗经》中的诗句"七月流火，九月授衣"，就是指农历七月黄昏看见大火星，天气就要转凉了。还有一些恒星是根据中国星官命名的。例如，根据四象二十八宿命名的参宿四、毕宿五等；根据三垣命名的五帝座一、天枢等。今天，这些名称在天文学界依然被使用。

如何才能更快地找到星座

看着满天星斗，你是不是会觉得很迷茫？怎样才能在最短的时间内准确地找到你想找的星座呢？除了应当具备理论知识，一些简单的小工具可以帮助你。

第一个，就是星图，在一些专门的商店里可以买到。如果是全空星图的话，上面就会标识所有的星座。基本上每个星座中主要的亮星在星图中都会被线条连接起来。每一份星图都会附有一份详细的使用说明书，这份说明书对你正确使用星图可是有很大帮助的，一定要仔细阅读。

只要在繁星点点的夜空中，找到了一颗恒星或者一个星座，你就可以依靠星图找到天空中的其他星座。相比于天空这幅虚拟的画卷，星图可是一幅真实的画卷呢。

使用星图就必须要分清楚东南西北，在你不辨南北，又无法确定北极星的位置时，一个简单的指南针就是你很好的帮手。方向的问题就交给指南针，接下来就是考验你使用星图的熟练程度了。

只是，现在的大城市大多是不夜城，光污染严重，凭肉眼只能看到几颗比较亮的星星，暗一些的看不到了，更不用提辨识星座了。这个时候，一架小型的家庭天文望远镜会是你最强大的帮手。甚至一些肉眼看不到的深空天体和星云，你都可以通过望远镜观察到。

光污染、大气污染……这些日益严重的环境问题使星空变得越来越模糊，这也同时加大了人们观测的难度。在离城市比较远的郊区或山上，会有较好的观测效果。

什么是星图

星图是将星星在天球上的投影绘制在平面上而制成的图，用来表示它们的位置、亮度和形态，是天文观测的基本工具之一。现代的星图对夜空中的恒星、星座、银河、星团、星系等特征，进行了十分精确的绘制，所以星图也可以说是"星星的地图"。

古时的星图最初只以小圆圈或同样大小的圆点辅以连线表示星官与星座，如敦煌星图，后期才陆续加上标示黄道、银道等的参考线。公元 940 年前后绘制在绢上的敦煌星图，是世界上现存最古老的星图。为了精确标定恒星与各类天体的位置，在现今的较专业的星图上，一定标有赤经线、赤纬线（天球上的坐标线）和黄道等。而星点则以黑点的大小代表星星的亮度（并附有星点亮度示意），亮度越大，星点越大。星点旁标示其西方星名与星座界线，在星点之间还标有星座连线。星云与星团以轮廓界线或图例标示，银河则以虚线或淡白色（淡灰色）勾画出来。

　　按照星图的绘制方式，可以把星图分为四种：四季星图、每月星图、活动星图及全天星图。四季星图是将春夏秋冬四个季节的星空分别绘制在四张图上。每月星图就是把每个月的星空分别

▼　敦煌星图（局部）

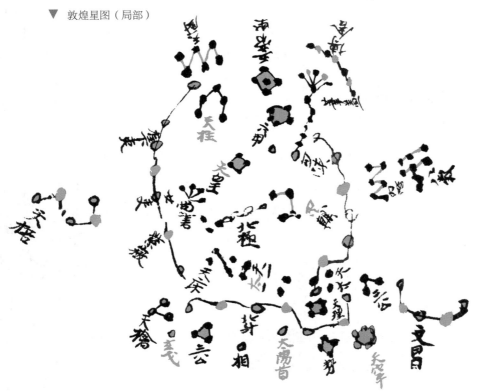

绘制成星图。活动星图，又称旋转星图，由上下两个圆盘组成，有刻度，可以通过旋转，使得它表面显露出来的部分与当时可以看见的星空相同，使用起来十分方便。全天星图则是将整个星空全部分区分片后，详细绘制出来的星图。

与看地图一样，看星图时首先要明确星图的方位。星图中的方位是：上北下南，左东右西。你发现了吗？星图中的东、西方向跟地图正好是相反的。这是因为人类观察星空时都是仰起头来观察的。你可以自己站在星空下试试：面朝南方站好，仰起头看天空中的星星，此时你的头顶正冲着北方，下巴指向南方，左手冲着东方，右手朝着西方。星图就是按照这个观察方法画出来的，所以是上北下南，左东右西。

北天星座是位于中国北方的星座吗

南、北是最简单的方位划分，也是最方便的划分方式。我们知道，天球上也有和地球上一样的南北两个半球，即南天球和北天球。对于站在地球上的我们来说，整个天球被一条天赤道一分为二，简单地划分成了南北两个星空。北天星空里的星座就被称为北天星座，南天星空中的星座就被称为南天星座。所以北天星座可并不是位于中国北方的星座，而是位于整个北半球上空的星座。

天文学家们把 88 个星座中的每个星座所处的方位都进行了

划分。由于从古巴比伦到现代，几千年来天文学家们倾力研究的主要是北天星座，所以天文学家们对北天星座进行了更加详细的内部划分。根据1922年的划定，将5个北天拱极星座从北天星座中划出，又将位于赤道带的北天星座划入赤道带星座，所以现在我们说的北天星座在这个划分下只剩19个。但这些被划出去的星座在广义上仍旧属于北天星座。

对于生活在北半球的我们来说，能看见所有的北天星座，能看到一部分南天星座。天文学家们划分南天星座和北天星座，就是为了让我们能更方便地对天空中的星座进行观测，可不能告诉小伙伴们，你在中国看见了某一个我们不能见到的南天星座哦。

大熊、北斗还是大车

大熊座，这个北方星空中最著名最容易分辨的星座还有其他名字吗？答案是肯定的，其实在星座图上，当你把大熊座的主要亮星连在一起的时候，就会发现，其实它也像一辆车。

无论是古巴比伦人还是古希腊人，他们都不约而同地把这个明亮的北斗星所在的星座称为一头熊。在古希腊神话中，大熊座是宙斯喜欢的姑娘卡利斯托（Callisto）的化身，小熊座是他们的儿子阿尔卡斯（Arcas）的化身。宙斯的王后赫拉嫉妒卡利斯托，把这个美丽的姑娘变成了一头大熊，并诱导阿尔卡斯去射杀他

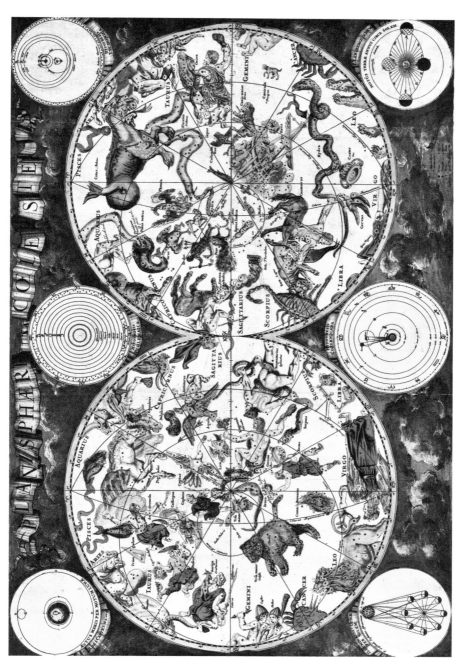

▲ 欧洲中世纪绘制的南北半球星座图

193

▲ 大熊座

的母亲。宙斯不忍看见这样的惨剧，便把阿尔卡斯变成了一头小熊，母子俩终于得以相认。为了保护卡利斯托母子，宙斯把母子俩升到了天空中，化身成了今天的大熊座和小熊座。

时至今日，中国人还是更习惯于把大熊座的七颗最亮的星星称为北斗七星，并且在中国古代神话故事中，北斗七星被视为北斗星君。

在古英格兰，人们还把大熊座称为大车座。在星座图上，如果你不加以想象，而只是单纯地依靠亮星的连线来观察这个星座，它无疑更像一辆斗车。所以当地的人们把大熊座看作他们的国王阿图斯的马车，于是大熊座就有了另外一个名字——大车座。甚至还有美国人称它为大铲斗呢。

想想看，如果由你来命名，你会把它叫作什么呢？

星座是怎样运动的

有一天晚上，你偶然之间看到了一颗非常明亮的星星，于是你把它想象成一颗钻石。可是过了一段时间之后，当你再次仰望星空的同一位置时却发现：这颗钻石忽然不见了。这到底是怎么一回事呢？

原来，那颗闪亮的星星之所以会不见，是因为我们每一天看到的都是不一样的星空。星空每天都在发生变化，星座自然也就会随着移动。但星座到底是怎样运动的呢？

我们知道，星座是由恒星组成的。因为恒星离我们实在太远太远，如果不借助特殊的工具和方法，是很难发现它们在天空中位置的变化的，所以我们把它们看作是不会"动"的星体。那到底是谁在动呢？

没错，就是地球。供人类生存的地球每天都在自转，每天也都在绕着太阳公转。因为地球自转，星空背景每天绕着天球的中心轴转动一圈；因为地球每天都处在公转轨道的不同位置上，所以星空也随着季节的变化而缓慢地发生变化。地球公转周期是一年，经过一年之后，地球回到一年前轨道上的同一位置，星空与一年之前的星空几乎一致。就像我们在体育场中沿跑道外围走了一圈，回到原点时见到的还是刚才进来的那扇门。如果忽略岁差的影响，星座的运动周期就是一年，在一年之中的每个季节你都会看到不一样的星空。

　　所以，我们在观看星座的时候可要抓紧时机，不然可能就需要等一年以后了呢。

星座的形状会发生变化吗

　　十年，一棵小树苗长成一棵大树，你也从一个小婴儿长成一个小小少年。十年，很多东西都会有所改变，那么星座呢？在亿万年的时间里，星座会不会发生变化呢？

　　星座是由恒星之间的连线组成的，所以只要恒星的位置发生变化，星座的形状就会随之改变。而我们知道恒星其实也在运动，只是因为离我们太远，所以它们的运动不易被察觉。但是滴水穿石，一丝一毫的变化，也终有一天会导致质变。因为恒星的运动实在太过于缓慢，只靠一辈人的力量是无法观测到星座的变化轨迹的。甚至两千年前古人描绘的星座中大熊座的概况，我们也似乎看不出它与现在有什么区别。但是，人类的历史并不只有两千年。根据考古学家们的发现，10万年前由尼安德特人所留下的对大熊座的描绘和现在的大熊座有很大不同。10万年前，大熊座中构成北斗七星勺沿的天枢、天璇两星的距离要比现在远得多，北斗七星的形状也跟现在不一样，所以星座的形状还是会发生变化的哦。

　　虽然由于距离太过遥远，人们在有生之年很难观测到恒星的运动，但是随着时间的推移，人类留下了或即将留下无数关于星空的记载、文献，使得星座的变化得以显现。

什么是春分点

打开星图，你会发现，在天球上，黄道和赤道并不是平行的两个圆圈，黄道与垂直于地轴的赤道相交，会在天球上出现两个相距 180 度的交点。其中太阳沿黄道从天赤道以南由南向北通过天赤道的那一点，就是春分点了。而与春分点相隔 180 度的另一个交点，就叫作秋分点。

太阳每年经过春分点的时间在 3 月 21 日前后，就是春分节气；经过秋分点的时间在 9 月 23 日前后，就是秋分节气。当你家里的日历翻到了这两个日期的时候，你就要知道春天和秋天已经悄悄地来了。

几千年前的古巴比伦人之所以把白羊座作为黄道星座的第一个星座，就是因为当时春分点位于双鱼座与白羊座的分界线。但几千年后的今天，春分点已经移到双鱼座的位置。如果你能穿越到 600 年以后，就会发现，那个时候的春分点已经移到了宝瓶座的位置。

如果人的寿命能达到 26000 年，你就会看到春分点经过黄道上的所有星座。

第八章

飞出太阳系

人类对太空的探索从来没有停止，我们通过火箭将人造卫星、宇宙飞船等航空飞行器送入太空，通过它们来逐步了解太空的真实面貌。这些冲出地球的"庞然大物"有什么特点？为什么它们能够离开地球进入太空，完成各种航天任务？这一部分我们将对进入过太空的各种航天飞行器进行介绍，了解人类冲向太空所做的努力和伟大成果。

火箭和导弹有什么不同

大家都听说过火箭和导弹，那么，一定会有人问：火箭和导弹是一回事吗？它们有什么不同呢？

简单地说：导弹都属于火箭，但火箭却不一定是导弹。也就是说，导弹只是火箭大家庭中的一个成员。我们把依靠火箭发动机产生的反作用力推进的飞行器称为火箭，火箭可在大气层内外进行飞行，可作为快速远距离运输工具。

因为绝大多数导弹都是用火箭发动机推进的，所以，导弹属于火箭，也是在火箭的基础上发展起来的。它是依靠自身的动力装置来推进的，并由控制系统控制其飞行并导向目标的一种武器。

根据火箭能否对其飞行施加控制而分为有控火箭和无控火箭。携带爆炸物质的有控火箭就叫作导弹。

发射人造卫星和宇宙飞船的火箭也是可控制的，那么它们为什么不是导弹呢？这是因为，它们不携带炸药，没有破坏力，不属于武器，当然也就不能称其为导弹了。

导弹是不能带着人造卫星上天的，虽然它是有控火箭，但是它本身已经是武器了，如果让它按照普通火箭的轨道进入太空，后果将不堪设想。

所以，习惯上，人们称无控火箭为火箭，它们只是运载工具；称装有爆炸物质的有控火箭为导弹，它们是一种武器。

▲ 导弹

▼ 火箭

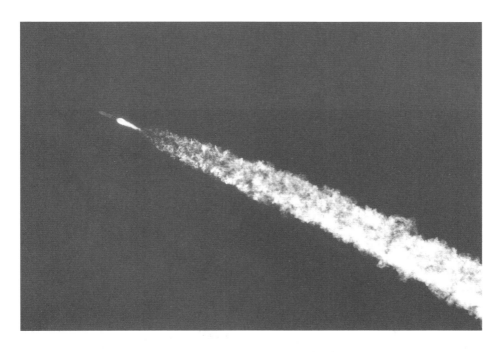

不过，有种火箭叫运载火箭，既能装上弹头变成武器，也可以运送人造卫星和空间站等航天器。这种火箭就比较特殊，功能也很多，目前应用范围很广。

火箭为什么能在真空中工作

我们生活的地球离不开空气，而地球大气层外就是一个真空的环境，在真空的环境中工作就必须携带氧气装置。但是我们在观看火箭发射时，注意到火箭在飞出大气层后它的速度并不是不变，反而还越来越快，这个现象该怎么解释呢？

其实，科学家们想到了地球大气层内外是两个截然不同的环

▼ 进入太空的火箭

境。航天员的生活、工作环境必须有空气。火箭则不同，没有空气对它来说反而更好，因为它的发动机和我们见到的汽车、飞机的发动机不一样。它是一种自带推进剂（燃料和氧化剂），而不依赖空气的喷气发动机。火箭是靠发动机喷出的气体的反作用力前进的，不需要空气。

有了这两样特征，只要火箭携带了充足的推进剂，那么在外太空，它也可以凭借物质之间的化学反应产生强大的推动力，燃料的燃烧不需要空气的参与。而且没有空气阻力的影响，火箭的速度反而能更快。

而飞机上所使用的空气喷气发动机，燃料在燃烧时所需要的氧气主要从大气中获取，因而只能在大气层中工作。飞机都有极限高度，当空气稀薄到无法给机翼提供足够的支撑力时，飞机就不能再上升了。

但是，火箭是绝对不能同时依靠这两种完全不同类型的发动机进入太空的，这不仅浪费燃料，而且还会造成很严重的事故。

如果你将来成为航天员，就可以乘坐火箭进入太空，体验那种极限速度了。

为什么航天飞机绑在火箭上垂直升空

我们在电视里看到，起飞的航天飞机是和运载火箭绑在一起垂直升空的，而不是像普通飞机那样在跑道上起飞。为什么航天飞机的起飞方式这么独特呢？

其实，这么独特的起飞方式和航天飞机的动力系统有很大关系。航天飞机即使达到最高速度也冲不出大气层，所以必须求助于火箭。当航天飞机发射时，机身上绑缚着巨大的燃料箱，还有两枚助推火箭。上升到几十千米的高空时，两枚燃料耗尽的助推火箭与航天飞机实现分离。不用担心，这都是可以回收的。当其上升到100多千米的高度时，会断然抛弃庞大的外燃料箱，这时航天飞机本身的动力系统才足以把它送上既定轨道。

航天飞机携带的燃料只能用于本身的运行控制和返航的需要。进入轨道前的飞行，就要靠火箭来助推，火箭完成了使命后，就与航天飞机脱离，使航天飞机保持较小的体积和重量。

航天飞机本身非常重，挂了那么多"附件"后当然无法像飞机那样水平滑跑起飞，而且它受到的空气阻力也远远超过大型飞机。助推火箭发动机只能短时间工作，由火箭和航天飞机的发动机共同达到第一宇宙速度。因此，航天飞机必须在最初一两分钟里垂直上升，尽快冲出低层大气。

小贴士

航天飞机只能在发射台上升空，并且每次飞行后要进行重新装配，短期内不能多次重复使用，这也是一个很大的缺陷。

▲ 航天飞机由火箭送入太空

为什么只有航天飞机可以重复使用

  中国的载人飞船从"神舟一号"到"神舟十一号",每一次完成飞行任务后飞船就不能再使用了。但美国的航天飞机却可以多次执行任务,为什么航天飞机可以重复使用多次呢?

  我们俗称的"航天飞机"其实是指包括助推火箭、燃料箱在内的整个系统,像飞机一样的部分叫"轨道器"。航天飞机在发射时,两个助推器发动机和轨道器发动机——共3台发动机同时点火,航天飞机系统起飞。助推器发动机工作的时间很短,只有2～3分钟,然后就脱落了,根据发射的轨道,它们都会掉在海

▲ 航天飞机

里，然后被回收，下次任务继续使用。

　　燃料箱就没这么好的运气了。大型燃料箱脱落时的高度已达
188 千米，速度已达 7.8 千米每秒，重 30 余吨。这样一个庞然大
物要安全坠入海里并被回收，是根本不可能做到的，所以只能任
其坠入大气层烧毁。这样看来，航天飞机也只能算部分可回收利
用。

　　无论是卫星还是飞船都使用烧蚀材料做防热层，但都是一次
性的。而航天飞机轨道器采用了可重复使用的防热材料，在经受
发射和返回的高温考验后，经修补后可反复使用。轨道器类似于
一架飞机，可以在返回大气层后像飞机一样水平着陆。

轨道器理论上能重复使用 100 次，不过由于风险和经费原因，美国的航天飞机已经逐步退役，基本不再发射了。

为什么空天飞机将会取代航天飞机

科技的发展，带来的是产品更新换代速度的加快。在航天领域，航天飞机的发展也不例外。未来空天飞机将会取代航天飞机的位置，成为航天领域的主力。

由于目前只有美国成功地发射过载人航天飞机，而且曾发生了"挑战者号"和"哥伦比亚号"的灾难事故，这使得人们对造价昂贵、体积庞大的航天飞机的安全性提出了质疑。一些航天专家认为，集中力量研发下一代航天运载工具——空天飞机已经成为航空航天业的新趋势。

与航天飞机相比，空天飞机更胜一筹，在地面上它能够像普通飞机一样水平起飞，然后直接飞向太空，并在地球外层空间的既定轨道上运行，最后还能自行返回地面，在机场安全降落。空天飞机完成一次飞行任务后，经过一周左右的维护时间就能再次执行飞行任务。人们可以像坐飞机一样搭乘空天飞机进行宇宙旅行。

在起飞阶段，空天飞机的空气喷气发动机先工作，这样有利于充分利用大气中的氧，可以节约大量的氧化剂。进入高空后，空气喷气发动机暂停工作，此时，火箭喷气发动机开始工作，燃烧自身所携带的燃烧剂和氧化剂。起飞时不用带着燃料箱和助推火箭，这对空天飞机而言可以说是"轻装上阵"。降落时，两个发动机的工作顺序同起飞时正好相反。

小贴士

2010 年 4 月 23 日 7 时 52 分，人类首架空天飞机 X-37B 升空，在太空持续飞行 225 天后成功降落。而在 2015 年 5 月 20 日发射后，X-37B 空天飞机实现了约 675 天的最长飞行时间。

▼ 空天飞机

宇宙飞船和航天飞机有什么不同

载人航天器中，宇宙飞船和航天飞机主要负责"跑"运输，它们来往于地面和空间站之间，负责运送航天员和各种物资，所以这两"兄弟"又称为天地往返运输器，相当于太空交通车，可以说它们是载人航天领域不可或缺的两大重要角色。但是二者还是有一些不同之处。

由于宇宙飞船没有机翼，只能以弹道式方法返回地面，其结果往往是采用在海面溅落或在荒原上径直着陆的方式返回（"神舟号"飞船每次回来时都是斜着倒在地上）。这种着陆方式不仅对航天员的要求很高，需要长期训练才行，对航天员生命安全也有一定威胁，这使得飞船成为一次性载人航天器。但从这点来看，飞船的结构相对简单，因而可靠性和安全性较高。

有很大机翼的航天飞机能够控制升力的大小和方向，准确地降落在跑道上，从起飞到返回地面的整个过程中，加速和减速都很缓慢，大大降低了对航天员的身体要求，可把稍加训练的科学家、工程师、医生等送上太空。能重复使用，就是航天飞机最重要的性能指标。

航天飞机尺寸比较大，所以装载的人员和设备也比较多，可以承担的任务也较多较复杂；而宇宙飞船则正好与之相反。因此宇宙飞船的成本比航天飞机低得多。

▲ 宇宙飞船

小贴士

　　航天飞机有非常漂亮的气动外型，宇宙飞船在现阶段的动力来源主要是太阳能电池，因此它通常不需要外接动力源。宇宙飞船外形设计上没特殊要求，因此大多看起来比较丑。

人和机器人哪个更适合在太空工作

从诞生以来，机器人一直是人类探索太空过程中的得力助手。人们也一直在探讨当这个助手的智能发展到一定程度时，会不会完全取代人类在太空中的角色呢？

其实，从加加林进入太空以来，载人航天一直是一项高风险的事业。人类对人和机器人谁更适合探索太空的争论一直都没有停止过。近地轨道附近充斥着致命的辐射、巨大的温差等严重威胁航天员的健康和安全的诸多因素，即便有航天器和航天服的多重庇护，人到太空中仍会面临很大的风险。而机器人则不在乎这些困难，它们可以为某次太空任务专门设计、批量生产，前赴后继地完成一个使命。而且，机器人的生存需要远比人类简单，它们有电就可以工作。

从生理方面来说，除了不会得空间运动病而呕吐，不必每隔几小时就回飞船休息一下，机器人比航天员更大的优势在于它们能比人类更好地完成单调、繁重、精细的工作。

人都会有疏忽的时候，都会犯各种错误。在太空中，一些小小的失误都可能是致命的。但是如果指令得当、程序稳定，机器人则不会出错。

不过，人可以随机应变，而机器人则由事先编好的程序操控。太空作业情况瞬息万变，即使是无人太空探测器也还要由地

▲ 火星探测器——流浪者号

面人员进行遥控。仅仅依靠既定程序的机器人根本无法应对各类突发事件。

所以在太空中工作，人和机器人应该互为补充，相互支持。

除了航天员，还有哪些生物进入过太空

当初，人类到未知的太空进行探险时，是有着极大风险的。为了减少风险，人类想到了用动物作为太空探险的"先遣队员"。这样，太空中就出现了一些"动物航天员"，而且它们的功绩已

载入了人类的航空航天史册。

20 世纪五六十年代，至少有 57 只太空犬被安排执行太空任务。在加加林第一次进入太空之前，就至少有 10 只太空犬被苏联送入了太空。这些太空犬经过严格训练，可以长时间站立不动，它们被穿上太空服，进行搭乘火箭模拟器及适应离心机模拟火箭发射时的加速度训练，为在太空舱中的生存做准备。进入轨道飞行的太空犬，是以营养胶来喂食的。

1960 年 8 月 19 日，太空犬卑尔卡和斯特拉卡搭乘苏联"五号"人造地球卫星在太空中飞行了一天，此外还有 1 只小灰兔、40 只小老鼠、两只大老鼠以及苍蝇和植物参与此次太空飞行，它们最终都成功地返回地面。

美国更喜欢派猴子和猩猩进行太空探险。1948 年 6 月 11 日，一只叫艾伯特的猕猴随着 V-2 导弹被发射升空，不过艾伯特在飞行途中死于窒息。它的五个后代在 1949~1951 年相继参与了航天任务，不幸的是，它们最终都没有存活下来。直到 1959 年，参与飞行任务的两只猴子——艾伯尔和贝克，才顺利地存活下来。

1961 年 1 月 31 日，一只名为哈姆的猩猩作为宇宙飞船"水星号"的唯一一名乘客进入外太空，成为第一个到达外太空的类人动物。哈姆被送到离地 260 千米的空间，并且健康状态良好。经过 16 分钟的太空飞行，它平安地返回地面。

普通人能不能像航天员一样进入太空

　　航天员作为一个特殊行业，选拔对象是各项素质都非常优秀的佼佼者。这似乎也向我们传递了一个信息——如果不是身体和心理素质特别好的人，这辈子都没有进入太空的可能了。

　　其实，近几年来国外普通人上太空的现实已经改变了这种观念。当然，普通人要经过严格挑选和艰苦培训，才能达到"飞天"的要求。迄今为止，已有多名普通人搭乘航天器遨游太空了，尽管他们的行程只有8~13天，但已经是普通人进入太空的一大步了。这些太空游客虽然年龄有大有小，但他们有几个共同点：一是他们都能支付得起"太空游"的昂贵费用；二是身体素质都比较好；三是都经过7个月甚至1年多的专门训练。

　　他们的身体条件不一定都像航天员一样出色，但都要接受进入太空的各项训练，从体质锻炼、理论知识培训、心理训练到特殊环境的耐力和适应性训练，从生存训练、航天器技术训练到空间科学及应用知识和技术训练等，每项训练都具备十分严格的要求。

　　人进入太空的一个基本身体要求是，要经得起加速度产生的过载作用。因为加速度过大而产生的过载作用，会引起剧烈疼痛、意识短暂丧失，严重时可能会致死。所以，普通人上太空的基本要求之一，就是要有一定的承受加速度产生的过载作用的能力。

航天员在月球上的脚印为什么能长期保存

日常生活中，我们在雪地、海滩上踩出个脚印，可能过一会儿就会消失了，无法保存。但是在月球这样一个人迹罕至的地方，航天员登月时的脚印到现在还存在着，这是为什么呢？

原来，这种情况和月球没有大气层有关。因为没有空气的活动，所以月球表面也没有刮风、下雨、下雪之类的气象变化情况。太阳光照强弱变化而引起的温差剧变会致使月球表面的岩石出现碎裂，但对月球的尘面并没有太大影响。而月球的深层区域

▼ 阿姆斯特朗在月球上留下的脚印

也非常平静，没有异常剧烈的月壳运动。绕地运转时在周期性潮汐应力作用下会产生轻微的月震。但至今在月球上仍没有出现明显的火山活动，所以月球的环形山还是相对稳定的。

1969年7月20日，美国航天员阿姆斯特朗在月球表面迈出了他"个人的一小步，人类的一大步"。他的脚印至今还清晰地留在月球上。直到"阿波罗登月计划"结束时，已经有12位航天员的脚印留在了月球表面。如果不受任何外力作用，这些脚印甚至能够永远保存下去。

对航天员留在月球表面的脚印可以产生破坏作用的，除了偶然的陨石撞击，还有太阳风和宇宙线粒子。不过，这些物质即使对1平方毫米的月面尘土产生磨损，起码得耗费几千万年的时间。所以，登月航天员在月球表面留下的脚印可以长期保存在那里。

航天服是用什么材料做成的

航天员们进入太空，必须要穿着专门制作的航天服。可别小瞧这一身衣服，那可是高科技的结晶。

航天服是人类在太空探索活动中为航天员的生命活动和工作能力提供保障的一种个人密闭装备，这种装备可以防止太空高低温、真空、微流星和太阳粒子活动等诸多太空环境因素对航天员的危害。从第一代航天服到现代更先进的航天服，人类的航天服

◀ 身着航天服的航天员

也经历了一个性能不断更新和完善的历程。

　　航天服通常包括压力服、头盔、手套和靴子等各组成部分。按照用途的不同，可分为舱内航天服和舱外航天服两大类。它们在材料和工艺方面都有特殊而严格的要求。

　　航天服在结构上通常分为6层。第一层是内衣舒适层，这一层贴近航天员的身体，通常选用质地比较柔软、吸湿性和透气性良好的棉针织品来制作。第二层是保暖层，一般选用羊毛和丝绵这样保暖性能良好、热阻比较大、质地非常柔软的材料。第三层是通风服和水冷服，主要用于散发热量，大多采用抗压性能好，质地比较柔软的材料制成，如尼龙膜等。

第四层是气密限制层，该层主要是保证航天员身体周围有一定压力，以确保他们在真空环境下的生命安全。鉴于这样的用途，气密层通常使用气密性比较好的尼龙胶布等材料制成。而限制层则一般选用强度比较高、伸长率比较低的涤纶织物制成。

第五层是隔热层，主要用于保护航天员在舱外活动时，不受过热或过冷环境的伤害。因而在材料的选择方面，通常选用多层镀铝的聚酯薄膜，并在各层之间夹以无纺织布。第六层也就是外罩防护层，这一层是航天服的最外层，需要具备防火、防辐射和抵御宇宙空间各种危害宇航员的因素等功能。因而这一层的材料大多是镀铝织物。

一个国家的航天服的技术水平，是这个国家综合科技水平的体现。航天服在综合以上多种因素之后，造价通常都比较高。

什么是深空探测器

深空探测器，也叫空间探测器，是一种用以对月球和月球以外的天体以及空间进行探测研究的无人航天器。这些探测器主要有月球探测器、行星和行星际探测器、太阳探测器等。

▲ "新地平线号"探测器在探测冥王星及其卫星

　　人类发射深空探测器的主要目的是更进一步了解太阳系的起源、演变历史和现状；进一步认识地球环境的形成和演变历史；探索生命的起源和演变过程等。由于目前我们的载人飞行技术还不够完备，人类进入深空进行科研活动还有一定的难度，所以需要这些无人深空探测器来帮忙完成一些任务。

　　深空探测器可以对月球和太阳系的行星进行近距离观测，也可以直接进行取样探测，开创了人类对太阳系内的行星进行探索研究的新阶段。深空探测器离开地球时，必须获得足够大的速度才能够摆脱地球引力的作用，实现深空飞行。

　　深空探测器与人造卫星有许多类似的地方，但也有其自身的独特之处和特殊的要求。在能源供给方面，由于它们通常离太阳比较远，完全利用太阳能来保证其正常工作不够现实，因此这类探测器的能源供给大多以核能为主。在通信和深空跟踪方面，由于它们远离地球，因而对于通信系统的技术性和可靠性要求更高。在导航制导和控制方面，深空探测器飞离地球的速度大小和方向稍有一点误差，就会直接影响到其到达目标行星的情况，甚至会出现很大的偏差。因此深空探测器需要非常先进和可靠的精确控制以及导航系统。

从苏联开始，到后来的美国、俄罗斯、日本、中国和印度，人类已经发射了 200 多架深空探测器，对太阳系的八大行星，以及小行星、彗星和太阳系边缘进行探索，并取得了一定的成果。

现在有没有深空探测器飞出太阳系

目前世界上服役时间最长的深空探测器是 1977 年美国国家航空航天局发射的"旅行者 1 号"和"旅行者 2 号"深空探测器，至今依然在工作中。如果没有超出预料的状况发生，它们将能一直与地面指挥中心保持联系，直到 2025 年左右耗尽所携带的能源。

"旅行者 1 号"的发射时间比"旅行者 2 号"其实还要晚将近一个月。不过由于它的飞行速度比较快，因而"旅行者 2 号"永远都不会超越它。"旅行者 1 号"最初所设定的主要目标是探测木星和土星，以及土星的卫星。在完成既定任务之后，它现在的目标任务已经变成探测太阳风顶，也就是探测太阳风最远能够吹到哪里，以及对太阳风进行测量。"旅行者1号"和"旅行者2号"深空探测器，都是以三个放射性同位素发电机作为动力来源的。

2011年2月就有迹象表明，"旅行者1号"已在之前某个时刻抵达了太阳系边缘的"过渡区"，这个过渡区就是太阳系与星际空间最后的交界处。而根据美国航空航天局2012年5月7日发布的消息，"旅行者1号"已经飞到了太阳系的边缘，是目前距离地球最为遥远的人造航天器，它即将飞出太阳系范围，成为一艘在恒星际空间飞行的航天器。2014年9月，美国国家航空航天局宣布"旅行者1号"探测器已经离开太阳系，正在飞向别的恒星。

为什么要建设天文台来研究宇宙

古人就有观测星空的习惯。公元前2600年，为了更好地观测天狼星，古埃及建造了世界上目前已知的最早的天文台。那么，为什么要建造天文台来研究宇宙呢？

最初，人们建造天文台就是为了观测星象，使研究天文学能够有一个专门的机构和地方。古代天文台通常是由统治阶级所掌控的，这里不但是进行天文观测的场所，也是研究占星学的场所。现代的天文台通常可以分为3类：空间天文台、光学天文台

▲ 建在高山上的天文台

和射电天文台。每个天文台都会配备一定的天文观测仪器，主要就是天文望远镜。

现在世界各国的天文台通常都设置在高山上，这是因为地球外层是大气层，星光通过大气层时，会受到烟雾、尘埃的影响。越高的地方空气越稀薄，烟雾尘埃相对越少，对天文观测的不利影响就越小。目前世界上公认的 3 个最好的天文台设置在夏威夷莫纳凯亚山、智利安第斯山和大西洋的加那利群岛上。

房屋的屋顶通常被设计成平面或是斜坡形的，但天文台的屋顶一般都是圆顶。原来，圆顶房屋是天文观测室，这样的设计是为了观测更便利。而且天文台屋顶是可以转动的，观测时只需转动圆形屋顶，调整观测方向，就可以将望远镜指向观测目标了。